로또9단

1등

조합기법

로또9단과 함께하는 로또 분석 커뮤니티

로또9단과 함께 로또 분석을 하실 수 있는 로또9단의 커뮤니티
인 유튜브와 공식카페입니다.

● 로또9단 유튜브 : 유튜브에서 '**로또9단**' 검색
● 로또9단 공식카페 : 네이버에서 '**로또9단**' 검색

로또9단 1등 조합기법

초판 1쇄 발행	2024년 02월 15일
지은이	이승윤
펴낸이	김왕기
편집부	원선화, 김한솔
디자인	푸른영토 디자인실
펴낸곳	**푸른e미디어**
주소	경기도 고양시 일산동구 장항동 865 코오롱레이크폴리스1차 A동 908호
전화	(대표)031-925-2327 팩스	031-925-2328
등록번호	제2005-24호(2005년 4월 15일)
홈페이지	www.blueterritory.com
전자우편	book@blueterritory.com

ISBN 979-11-88287-39-0 14410
ⓒ이승윤, 2024

푸른e미디어는 (주)푸른영토의 임프린트입니다.

과학적 조합분석 기법으로 **로또 1등**에 다가간다!

로또9단
1등
조합기법

21억 원
로또 1등
당첨자배출!

로또 분석가
이승윤 지음

푸른미디어

이 책을 읽기 전에

이번 두 번째 책인 『로또9단 1등 조합기법』은 첫 번째 책인 『로또9단 1등 분석기법』을 읽고 공부하신 독자분들을 대상으로 하고 있다. 그러므로 반드시 첫 번째 책인 『로또9단 1등 분석기법』을 먼저 숙지하시고 이번 두 번째 책인 『로또9단 1등 조합기법』을 보시길 추천드린다.

1권 『로또9단 1등 분석기법』의 주요내용

- 로또의 기본 이해(히스토리, 확률, 용어, 통계 등)
- 로또 분석이란 무엇인가(분석기법, 조합기법 등)
- 로또의 필수 통계(홀짝, 끝수, 합계, 연번, 이월수 등)
- 로또 패턴(모서리패턴, 좌우2줄 패턴 등)
- 로또 당첨번호 분석(미출기간표, 끝수분석, 제외수기법 등)

로또9단 독자 댓글 서평

로또를 수동으로 시작하기 전에는 공부로 로또가 된다는 생각은 전혀 해 본 적이 없었습니다. 그냥 순전히 운으로만 당첨된다고 생각했었습니다. 우연한 기회에 로또9단님을 알게 되면서 로또가 공부로 고정수가 잡히고 확률을 좁힐 수 있다는 신세계를 접하게 되었습니다. 1권에서는 지금까지 로또의 확률과 기본적인 통계, 용어 등을 가르쳐 주셨는데 2권의 내용은 좀 더 달라진 요즘 로또의 재해석을 저술해 주실 것 같아서 더욱 기대됩니다. 값진 2권이 갑진년에 나와서 더욱 기대됩니다. 축하드리고 항상 응원합니다.

—독자 핑크래빗 님

구단님 뜨거운 열정에 아낌없는 박수를 보냅니다.

처음 로또 공부를 하면서 용어도 모르고 너무 어려워서 설명을 들어도 암담하기만 했을 때 구단님 유튜브 채널을 접하게 되었고, 분석기법 책이 있다는 걸 처음 알았습니다.

1권을 구입해서 여러 번 읽으며 공부했습니다.

이제는 용어도 그리고 4등 5등도 곧잘 합니다. ㅎ

모두 구단님 책 덕분입니다.

분석도 바쁘신데 그 와중에 조합기법 2권을 출간하신다니 정말 대단하시고 진심으로 축하드립니다.

구단님 힘내시고 늘 응원할게요. 파이팅입니다.

—독자 효정 님

1편 분석기법이 나오고 3년이란 세월이 흘렀네요.

그 사이 저는 9단 선생님의 찐 팬임 돼 버렸고요. 포기를 모르는 9단 선생님과 함께 할 수 있어 영광이었습니다.

영혼을 담아 펴내실 2편 조합기법도 큰 기대가 됩니다.

감사합니다.

—독자 남려리 님

구단님 축하드립니다.

책으로 뭔가를 남긴다는 게 아무나 할 수 있는 일이 아니기에 구단님을 좋아하고 믿음이 안 갈 수가 없죠~

1등 2등 금방 될 수 있는 게 아님을 조금은 알 것 같아요.

믿음을 가지고 꾸준히 하다 보면 구단님이 하시는 분석을 어떻게 하시고 어떤 구간에서 나올 수밖에 없는지 조금씩 눈에 들어오네요.

항상 건강 잘 챙기시고 모두가 1등이 되는 그날까지 함께 달려가 봅시다~

—독자 정용진 님

사는 게 고달프고 힘들어서 지푸라기라도 잡는 심정으로 시작했던 로또!! 생각 같아서는 금방 당첨될 줄 알았는데 웬걸! 갈수록 오리무중~. 그때 로또 9단님의 통계 자료에 의한 분석법을 알고 많은 배움과 도움이 되었네요. 여러분들도 분명 저와 같은 분들 계시겠죠? 로또9단님의 분석기법 책은 그냥 믿고 보시고~ 따라 하시면 분명히, 단연코, 좋은 결과로~ 희망으로~ 안내할 거라 생각됩니다.

—독자 해피트리 님

9단 선생님 정말 감사합니다.

1권 책을 보고 로또 용어 및 분석을 배운 게 행운이었는데 조합기법 2권 기대하고 응원합니다.

—독자 베네TV 님

자동으로 행운을 시험하던 때도 있었는데 9단님을 만나고 확률과 통계에 기반한 분석으로 많이 배우고 있습니다. 어두운 밤바다의 등대 같은 길라잡이 로또9단!!

9단님 감사합니다!!!

—독자 하선미 님

9단님 안녕하세요.

14년 정도 로또를 해왔지만 9단님 알기 전에는 식구들 생일, 전화번호, 차량번호 등 여러 방법으로 조합했지만 5등 되기도 어렵더라고요. 여러 로또 사이트에서 해봐도 비용만 소진하고 3등 한 번도 못해 봤습니다. 로또는 운이다 생각하고 10만 원 정도 사도, 4등 되기도 힘들더라고요.

9단님을 만나 로또도 공부하고, 연구하고, 분석하고, 조합을 잘해야 고위 당첨을 할 수 있다는 걸 처음 알았습니다.

9단님의 열정과 진심 어린 분석으로 임하는 모습을 보고, 이게 바로 진정한 로또 분석가란 걸 알고 같이 하게 되었습니다.

자영업 실패와 병마와 싸우면서도 로또 분석 방송을 보는 순간이 가장 행복합니다.

앞으로도 건강한 모습으로 같이 했으면 합니다.

건강하시고 늘 행복하시길 바랍니다.

—독자 설흔석 님

구단님의 분석과 구간 정리해 주시는 거로 많이 배웁니다. 그전엔 무작정 그저 마킹을 했는데 공부하다보니 꾸준히 앞으로도 끝까지 공부하고 싶습니다. 이제 2권 책이 나온다니 꼭 사서 더 열심히 공부해야겠어요.

—독자 김경화 님

구단님 진심으로 축하드립니다.

로또를 시작하면서 우연히 구단님의 책 1편과 방송을 접하면서 구단님에 열혈 팬이 되었습니다^^

항상 진심이신 선생님에 열정에 감사드리며, 다시 한번 축

하축하드려욤~~ 쌤 알랍요^^

—독자 이지나 님

축하드립니다! 2번째 책도 좋은 성과 있길 기도드려요.
구단님은 어떤 상황 속에서도 구독자를 먼저 생각해 주신다는 게 쉬운 일이 아닌데도 꼭 챙겨주시는 구단님 정말 좋은 일 가득하길 바랍니다.
2024년에는 구단님의 해가 되었으면 좋겠어요. 항상 구단님을 응원하며 가정에도 좋은 일만 있길.
두 번째 책 대박 나세요. 파이팅입니다!

—독자 힘난인생 님

로또의 다양한 분석과 폭넓은 분석법에 깊은 감명을 받고 있습니다. 조합기법을 잘 활용하면 고액 당첨 이제는 꿈이 아닌 현실이 되기를 희망하며, 9단님의 여러 분석기법이 다양하게 활용된 기법이 독자를 통해 모든 분들이 행복해지기를 응원합니다.

—독자 조운겸 님

처음에는 '로또를 자동으로 사지 왜 수동으로 구매해?'라는 생각을 했었는데, 로또 공부를 하게 되고 9단님을 알게 되었습니다. 로또 용어에 대해서도 알게 되면서 분석기법을 활용하여 열심히 구매를 했습니다. 그리고 9단님이 말씀해 주시는 끈기와 노력을 가지고 로또를 구매해야 한다는 말이 너무나도 와닿았습니다. 2권 책이 나온다고 해서 너무 기대되고 꼭 구매하고 싶습니다. 항상 응원합니다 9단님!

—독자 대게자가용 님

'로또는 단순한 운이 아니라 수학이고 또한 과학이다'라는 점을 깨닫게 해주었던 초판본에 큰 감명을 받았습니다. 2권에서는 과연 어떤 또 다른 내용들이 있을지 벌써부터 제 마음이 설렙니다. 여태껏 단순히 운에만 맡기고 자동으로만 하셨던 분들께 1권을 포함한 2권의 책도 과감히 추천드립니다.

—독자 여미을 님

조선제일고수 로또9단님 편찬 축하드립니다.
저도 22년째 분석 로또을 하고 있는 있습니다. 역시나 배움에는 끝이 없습니다. 경험이 많다 한들 자신의 분석기법을 무엇으로 활용하는가에 따라 좌우됩니다.

자기만이 고수한 분석법을 활용방법에 있어서 좋은 팁을 얻고자 하신 분들은 로또9단님의 분석기법과 조합기법을 적극 활용해 보시는 걸 추천드립니다.

—독자 한판승부 님

로또 분석을 하시는 것도 시간이 없이 바쁘신데 언제 시간이 있어 또 책을 쓰시는지 대단하십니다. 새해 무엇이든 잘되시고 건강 하십시요.

—독자 양택춘 님

로또9단님을 만나기 전까지 자동이면 1등 될 줄 알았습니다. 또 로또9단님을 만나기 전에는 통에 번호를 넣고 랜덤으로 뽑기, 아기가 뽑아주는 번호, 강아지가 물어오는 번호 등 불확실한 통계로 1등을 의지했습니다. 그러나 지금은 로또 9단님을 통해 로또1등이 과학적 접근으로 수동으로도 1등이 가능하다는 것을 깨달을 수 있었습니다. 누구나 로또 1등에 희망과 매주 간절한 마음이 너무나 크겠지만 좌절 또한 기대만큼 돌아옴에도 다시 시작할 수 있는 용기가 생기는 이

유는 로또9단님 덕분입니다. 감사합니다.

—독자 이경환 님

'구슬이 서 말이라도 꿰어야 보배다'라고 했습니다. 예상수를 잘 뽑아놓고도 조합의 방법이나 구간을 모르고 무작정 조합을 한다면 절대로 상위 당첨이 안 되더라고요. 그래서 구단님의 두 번째 책을 많이 기다렸고요. 앞으로 많은 기대를 합니다. 구단님 파이팅!

—독자 새로운시작 님

우선 두 번째 책 편찬을 축하드립니다. 물론 로또 공부를 열심히 하는 분들을 위한 책이겠지요. 감사함을 느낍니다. 제가 9단님을 안 지는 대략 몇 년 정도? 기억이 잘 안 나네요. 물론 저 같은 분들 많겠죠. 그전에는 로또 분석이라는 걸 믿지도 않았고 의심부터 했었죠. '기계에서 멋대로 튕겨 나오는 걸 분석을 한다고? 사기꾼들!' 제가 이랬죠. 부정부터 했던 사람 중 1인. 이랬던 저를 변하게 하신 분입니다.

열심히 분석 방송을 보면서 공부하고 9단님 분석 방식 따라 하다 보니 회원분들 몇 분은 저를 고수라 불러주시고, 기분 참 좋더군요. 다른 분들도 마찬가지겠지만 9단님은 저에게 스승님입니다. 아직 1등 당첨은 못해봤지만 더욱더 9단님 분석을 보면서 공부 정진하겠습니다. 이 기회에 제 마음 담아서 댓글 올립니다.

—독자 펭귄 님

분석을 잘해서 번호를 뽑아도 조합을 못하면 그것도 꽝이고 로또는 하면 할 수록 어려워요. 미꾸라지처럼 잘도 빠져나가죠. 2권 보고 열심히 공부해야겠네요. 감사합니다!

—독자 이지현 님

안녕하세요 구단님^^

두 번째 책 출간을 진심으로 축하드리며 축하 글을 남깁니다. "아무 일도 하지 않으면 아무 일도 일어나지 않는다." 즉이 책을 읽으므로해서 당신에게 행운이 일어날 것입니다. 그러므로 이 책은 기적을 위한 길잡이가 될 것입니다. 그리고이 책을 편찬하신 로또9단님께서 독자들에게 주는 의미는 그 이상의 것이 될 것이라 생각합니다.

—독자 무비김 님

2021년 1월에『로또9단 1등 분석기법』을 출간 후 3년이란
시간이 흘렀다. 2018년부터 로또 분석가로 살아왔으니 2024
년 현재 어느덧 로또 분석가로 살아온 지 7년째가 되었다. 그
러다 보니 유튜브 구독자는 6만 명이 넘었고 1094회에는 1
등 당첨자 배출도 할 수 있었다.

지금은 국내 1위 구독자를 보유한 로또 분석가로서 막
중한 책임감을 느낀다. 특히 이번 두 번째 책인『로또9단 1
등 조합기법』은 저와 함께 열심히 로또를 공부하는 로또에
진심인 팬들을 위한 책이다.

첫 번째 책인『로또9단 1등 분석기법』에서는 로또의 기본
이해와 출현 확률이 높은 번호들을 찾는 분석기법을 공부했

었고, 이번 조합기법 책에서는 로또 분석을 통해 45개 번호 중 출현 확률이 높은 번호를 찾아낸 후, 어떻게 조합을 해야 1등과 상위 당첨의 확률이 높은 조합을 할 수 있는지를 공부하려고 한다.

　2022년 6월, 1019회차에서 역대 1등 당첨자 수가 가장 많은 50명이 1등에 당첨이 되어 크게 화제가 되었었다. 매주 평균 1등 당첨자가 10명 안팎이 나오는 일반적인 통계가 아니었다. 2002년 12월 로또가 국내에 도입된 지 20년 역대 최고 기록을 쓴 것이다. 이때 1등 50명에게 돌아간 당첨 금액은 4억 4천만 원이었다.
　사람들은 어떻게 1등이 50명이 나올 수 있는 것인가에 대해 많이 궁금해했고, 매일마다 뉴스에 1등 50명 소식이 나오고 있었다.
　급기야 2022년 6월, SBS 모닝와이드 취재팀에서 1등 50명 관련해서 취재요청이 있었고, 이번에도 로또 분석가로는 유일하게 인터뷰를 하게 되었다. 코로나가 한창이던 때여서 마스크를 착용하고 인터뷰에 응했었다.
　첫 번째 책인『로또9단 1등 분석기법』에서도 이미 언급했

SBS 모닝와이드 (2022년 6월)

https://youtu.be/S5exyVvR6Gs

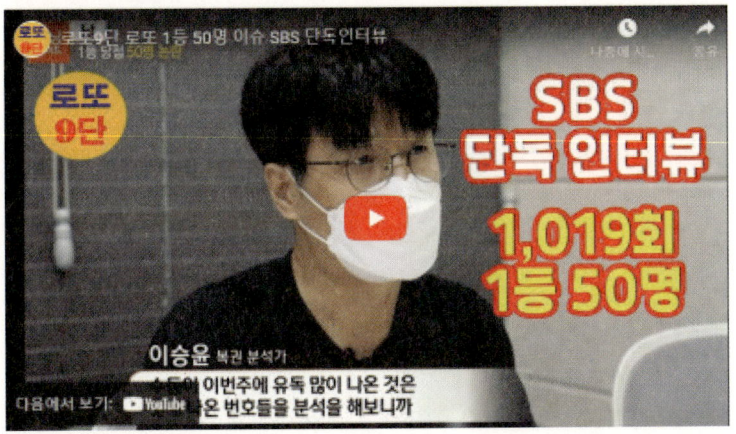

듯이 로또를 분석하지 않고 수동으로 구매하는 사람들은 어차피 로또는 랜덤으로 나오니 어떻게 조합을 해도 괜찮다고 생각하고 1, 2, 3, 4, 5, 6과 같은 조합을 만든다고 1권 분석기법 78페이지의 '연속번호패턴', '대각선패턴', '돌일배수패턴' 등에서 이미 공부했었다. 실제, 복권 판매점에서 이렇게 구매하는 사람들이 있는지 직접 방문해서 물어보고 알아냈던 내용이었다.

그런데, 이번 1019회 1등 50명이 보여주듯이 1등이 되더라도 많은 사람들이 선택하는 조합으로 1등이 되었을 때는 1등 당첨금이 137만 원이 될 수도 있다는 것을 로또를 공부하지 않는 사람들은 모르고 있었다.

참고로 아래의 표는 기획재정부 복권위원회에서 공식적으로 발표한 1019회 가장 많이 구매한 상위 10위의 번호조합이다.

1019회차중 가장 많이 구매된 번호조합 상위 10위 내역

순위	구매 번호조합	구매건수	내역	1등 당첨시 당첨금(총당첨금/건수)
❶	|01|13|17|27|34|43	1만5964	역대 가장 많이 나온 번호	137만원
❷	|04|11|18|25|32|39	1만2831	용지배열 4번째 세로번호	171만원
❸	|07|14|21|28|35|42	1만1479	용지 배열 7번째 세로번호	191만원
❹	|01|02|03|04|05|06	1만1232	연번(1번부터 6번까지)	195만원
❺	|07|12|15|24|25|43	8290	686회차 당첨번호	265만원
❻	|07|13|19|25|31|37	7630	용지배열 오른쪽에서 왼쪽으로 대각선	287만원
❼	|03|19|21|25|37|45	7520	1018회차 당첨번호(직전 회차)	292만원
❽	|05|12|19|26|33|40	7290	용지배열 5번째 세로번호	301만원
❾	|01|09|17|25|33|41	6902	용지배열 왼쪽에서 오른쪽으로 대각선	318만원
❿	|03|10|17|24|31|38	6736	용지 배열 3번째 세로번호	326만원

※1019회차 1등 총 당첨금 규모는 219억 2800만원   자료: 기획재정부 복권위원회

옆의 표에서 확인할 수 있듯이 로또 분석을 하지 않고 로또를 수동으로 구매하는 많은 사람들은

1 역대 가장 많이 나온 번호
2 로또 마킹 용지 세로라인 한 줄에 모두 표기
3 연속되는 번호(1, 2, 3, 4, 5, 6)
4 대각선으로 모두 표기

등과 같은 조합으로 구매를 많이 하는 것으로 확인되었다.

위와 같은 조합으로 1등이 되어서 당첨금을 137만 원~326만 원만 받아도 괜찮다면 계속 이렇게 구매해도 말릴 수 없지만, 우리 독자분들은 옆의 표를 참고해 많은 사람들이 구매하는 조합은 꼭 피해서 조합을 해야 한다는 것을 명심해 주시길 바란다.

로또9단 당첨 사례

실제 '로또9단'의 분석기법으로 배출시킨 1094회 1등 당첨 용지와 누적 2등의 당첨 용지들을 준비했다.

로또 1등의 당첨 확률은 '814만 분의 1의 확률', 로또 2등의 당첨 확률은 '135만 분의 1'로 확률이 희박하여 당첨되기 어렵지만 로또 9단의 차별화된 분석기법으로 당첨이 되었다.

1094회 '로또 1등 당첨 배출'은 그동안 '로또9단'에서 연구한 '분석기법'이 과학적이라는 것이 증명된 의미있는 배출이었다. 이외에도 3등은 수시로 배출되었고 현재도 꾸준히 당첨 배출이 되고 있다. 따라서 '로또9단'에서 전수해 드리는 '분석기법', '조합기법'을 숙지하고 활용한다면 이제까지와는 전혀 다른 확률로 로또를 하게 될 것이다.

로또9단 로또 당첨자들의 당첨 인증 사진

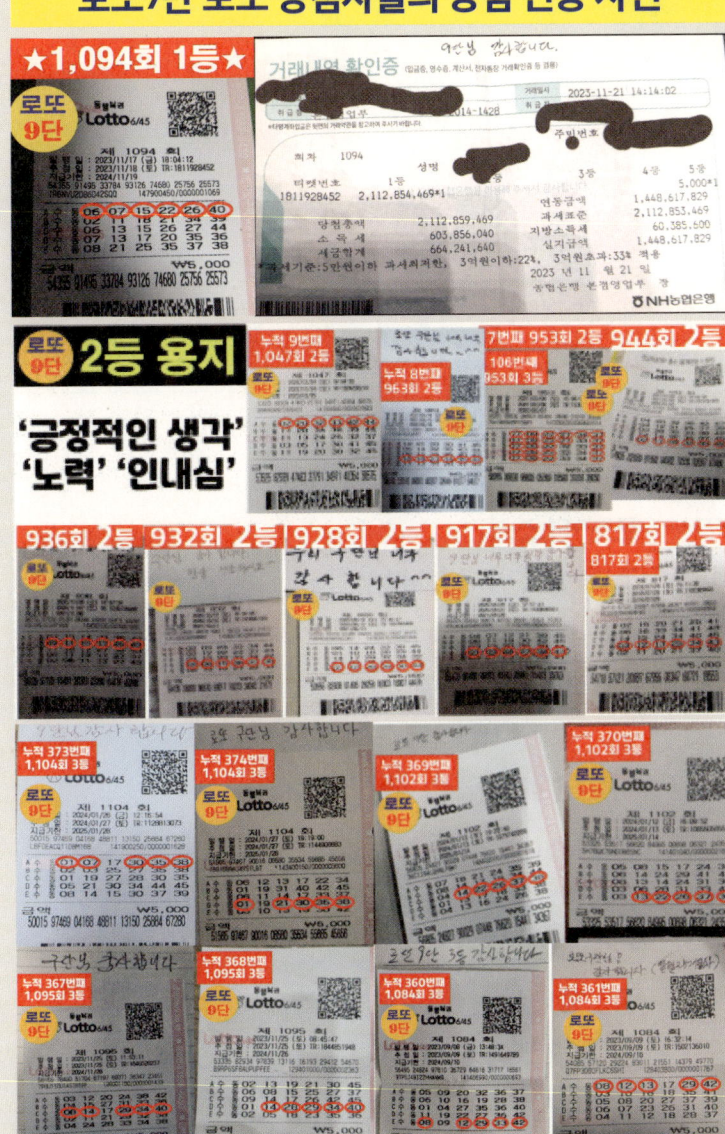

차례

PART 3 | 로또9단 조합기 설명서

PART **1**

조합기법의 이해

1등 후보조합이란

로또 1등은 평균적으로 매주 10명 안팎으로 당첨이 된다. 따라서 로또 분석을 통해 출현 확률이 높은 번호를 찾아낸 후 자동, 수동, 반자동을 모두 포함하여 전국에서 10명 안팎이 구매하는 조합을 구매한다면 1등에 한걸음 더 가까워질 것이다. 전국에서 10명 안팎이 구매하는 조합들은 수없이 많겠지만 10명 안팎이 구매하는 1등 후보 조합들이 무엇일지를 공부하여 조합하는 것이 바로 '1등 조합기법'이 될 것이다. 그러기 위해 우리는 과거 1등 조합들의 특징을 공부해서 '814만 5천6십' 조합의 로또 전체 조합에서 1등 후보 조합을 만드는 노력을 해야 한다.

로또9단 조합기

　로또 분석은 출현그룹표, 미출기간표, 끝수분석, 패턴표분석 등 다양한 분석기법으로 출현확률이 높은 예상번호를 찾은 후에 1등 후보 조합을 만들어야 하는데, 조합을 수작업으로 하기에는 정확도도 떨어지고 시간도 많이 소요된다.

　대표적으로 수작업으로 조합을 만들 경우 체크해야 할 기본 특징을 간단히 정리해봐도 알 수 있다. 홀짝비율, 합계, 끝수, 연번, 이월수, 소삼합(소수, 3배수, 합성수), 이웃수 비율 등 기본적인 특징을 가지고 조합을 하나하나 만들면서 체크한다는 것은 지극히 비효율 적이다.

　그래서 이번에는 로또 분석을 통해 제외수와 예상수를 만든 후에 앞선 첫 번째 책인『로또 9단 1등 분석기법』에서 공부했던 기본적인 조합기법들이 적용되어 있는 '로또9단 조합기'를 통해 손쉽게 그리고 정확하게 조합할 수 있도록 1등 후보 조합을 생성하는 공부를 두 번째 책인 『로또 9단 1등 조합기법』에서 핵심 내용으로 다루도록 하겠다.

로또9단 조합기 설치방법

    핸드폰에서 구글 플레이스토어에 접속 후 '로또9단 조합기'를 검색하면 아래와 같은 로또9단 조합기가 검색이 된다.

    로또9단 조합기는 일반적인 로또번호 생성기의 기능이 모두 있으며, 로또9단의 주요 분석기법을 적용하여 조합할 수 있도록 최적화되어 있다.

1094회 1등 배출

    이번에는 1094회 1등 당첨자 배출을 했던 조합기법을 소개하도록 하겠다. 1등 당첨번호는 어떻게 나올지 그 누구도 알 수 없다. 하지만 우리는 로또 분석을 통해서 출현 특징을 찾고 해당하는 출현 특징들에 집중해서 분석과 조합을 해 나가야 한다.

    이번에 로또9단을 통해 당첨된 1094회 분석 결과 주요 출현 특징은 아래와 같았다.

[주요 출현 특징]

1 미출기간표 5주 이내 구간의 출현 특징이 강해짐(4수 이상)

2 이월수 출현 임박(직전 회차 당첨번호가 나오는 특징)

❸ 단번대 출현 임박 (1번~10번의 번호)

위와 같은 출현 특징들은 분석을 통해 찾아내고 해당하는 출현 특징의 번호를 가지고 예상수로 만든 후, 예상수 번호로 체크리스트만 적용하여 조합하는 것이 '1차 조합기법'이다.

'2차 조합기법'은 위의 출현 특징의 예상번호들로 조합을 할 때 회차별 특징을 분석하여 단번대를 몇 수를 넣을지, 5주 이내 구간의 번호를 몇 수 넣을지 등을 고민해서 실제 조합에 출현 특징의 번호들로 구성하는 것이 2차 조합기법이다.

1차 조합기법이 분석을 통해 나온 예상수로 단순히 조합하는 기본적인 조합기법이라면, 2차 조합기법은 매 회차 출현 특징을 분석한 후 조합에 출현 특징을 적극적으로 적용하는 조합기법이다. 이렇게 1094회 1등은 2차 조합기법으로 배출되었다.

대부분의 로또번호 발송 사이트들은 1차 조합기법도 아닌 '무작위 발송'이 대부분이니 반드시 로또 분석가가 있는지 확인하고 매주 분석된 번호들로 2차 조합기법을 적용하여 조합을 생성하는지 확인 후 이용하는 것이 좋다.

하지만 우리 로또9단의 로또를 공부하는 독자분들은 '로또 9단 조합기'를 활용하여 2차 조합기법으로 매주 로또조합을 구매하시길 추천드린다.

로또 조합 권장 기준

   '로또9단 조합기'에 기본적으로 적용되는 권장 기준으로 아래의 기준에 맞도록 조합을 하면서 매 회차 분석을 통해 강해지거나 약해진 특징이 있을 경우 조건을 변경하여 조합하는 것을 추천드린다.

구분	기준	설명
합계	100~175	170만 조합이 제외
AC	7~10	역대 당첨번호 85% 확률로 출현
홀짝비율	6:0/0:6 제외	17만 조합 제외
저고비율	6:0/0:6 제외	2:4, 3:3, 4:2가 80% 확률로 출현

끝수	직접선택	동끝수 4개 이상은 제외
끝수합	15~38	역대 당첨번호 94% 확률로 출현
연번	3연번 이상 제외	46만 조합 제외됨
이월수	0~1개	역대 당첨번호 80% 확률로 출현
번호대별	직접선택	번호대별 1~2수 추천
이웃수	0~3개	4개 이상은 출현 확률이 낮음
소수	0~3개	4개 이상 출현은 약 10%
합성수	0~3개	4개 이상 출현은 약 10%
3배수	0~3개	4개 이상 출현은 약 10%
5배수	0~2개	3개 이상 출현은 약 10%
쌍수	0~2개	3개 이상은 출현 확률이 낮음
광땡수	0~2개	3개 이상은 출현 확률이 낮음

PART **2**

로또9단
필수 핵심 통계

로또9단 표준 및 전용 통계

표준 : 당첨번호 조합에 대한
기본적인 통계
전용 : 조합기법에 사용되는
주요 통계

AC 통계 |

표준 통계

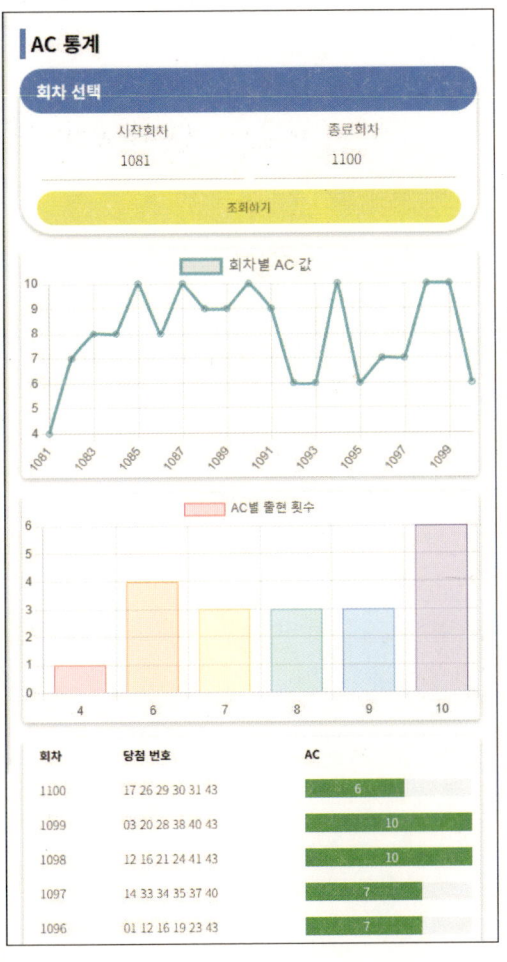

AC는 로또 조합번호 6개를 산술적으로 계산 후 그룹을 표시한 것으로 0~10으로 분류된다. 45개 번호의 총 조합 개수 814만 중에 AC가 7 이상인 조합은 694만이고, 현재까지 나온 당첨번호의 85%가 7 이상이다.

AC 통계를 봤을 때 최근 20회 기준 10, 6, 7, 8, 9, 4 순으로 출현이 됐고, 조합에 적용한다면 최소 6 이상을 선택해야 한다.

홀짝 통계

홀짝 통계는 로또 번호 45개의 짝수, 홀수를 당첨번호 조합에서 어떤 비율로 출현한 것인지 확인할 수 있다.

홀짝 통계 최근 20회를 기준으로 3:3이 8회 출현으로 가장 많고, 2:4, 4:2가 각 5회씩 출현한 것으로 확인된다. 조합을 할 때 3:3 기준으로 조건을 넣거나 3:3, 2:4, 4:2를 넣는 것이 권장된다.

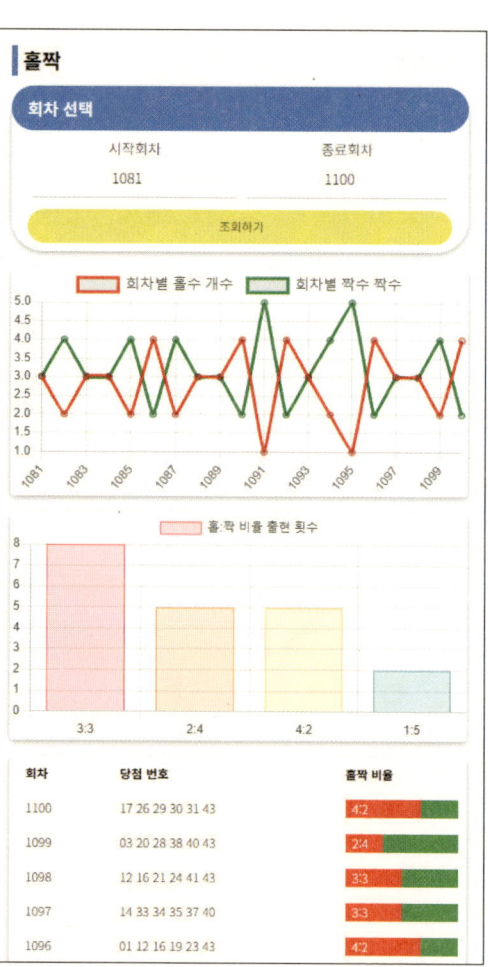

볼색상 통계 I

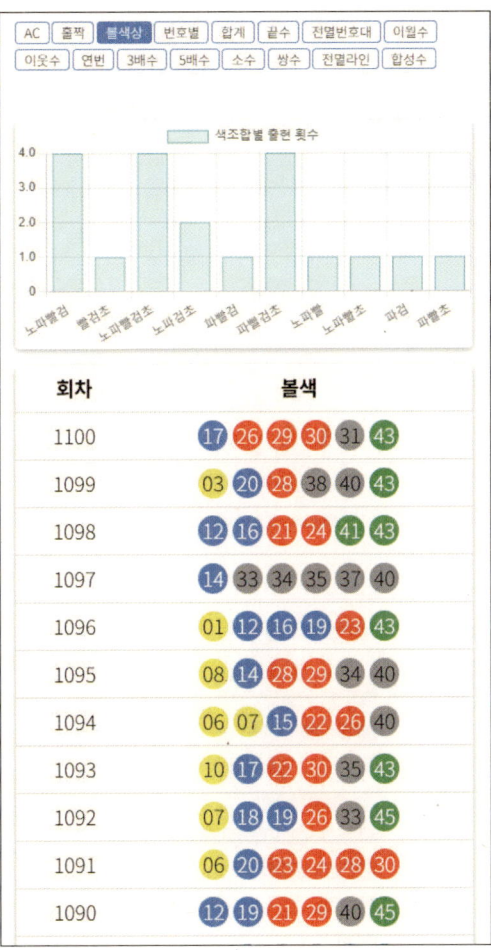

| AC | 출짝 | 볼색상 | 번호별 | 합계 | 끝수 | 전열번호대 | 이월수 |
| 이웃수 | 연번 | 3배수 | 5배수 | 소수 | 쌍수 | 전열라인 | 합성수 |

색조합별 출현 횟수

회차	볼색
1100	17 26 29 30 31 43
1099	03 20 28 38 40 43
1098	12 16 21 24 41 43
1097	14 33 34 35 37 40
1096	01 12 16 19 23 43
1095	08 14 28 29 34 40
1094	06 07 15 22 26
1093	10 17 22 30 35 43
1092	07 18 19 26 33 45
1091	06 20 23 24 28 30
1090	12 19 21 29 40 45

볼색상 통계는 당첨번호 조합의 색 구성을 확인할 수 있다. 1~10번 노란색, 11~20번 파란색, 21~30번 붉은색, 31~40번 회색, 41~45번 녹색이다.

최근 20회를 기준으로 '노파빨검', '노파빨검초', '파빨검초' 순으로 출현이 많이 되었고 해당 기준으로 조합 조건으로 넣는다면 파란색(11~20)과 빨간색(21~30)이 포함되도록 할 수 있다.

번호별 출현횟수 통계

표준 통계

번호별 통계는 1~45까지의 번호가 당첨 번호로 몇 회 출현되었는지 확인할 수 있다.

조합을 번호의 출현 횟수로 결정하기에는 무리가 있지만 출현을 가장 많이 한 번호나 가장 적게 한 번호를 한 번씩 조합에 넣거나 번호대에서의 특정 번호를 잡을 때 이용할 수 있다.

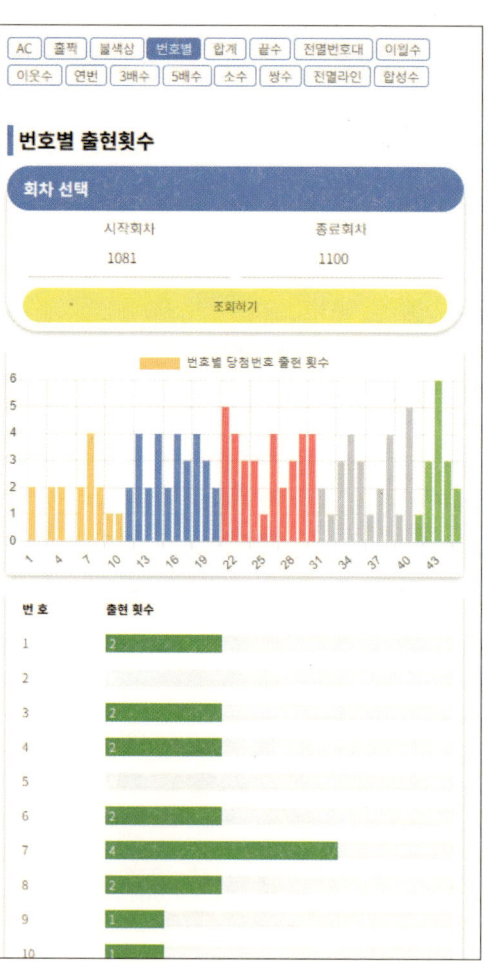

조합 합계 통계 |

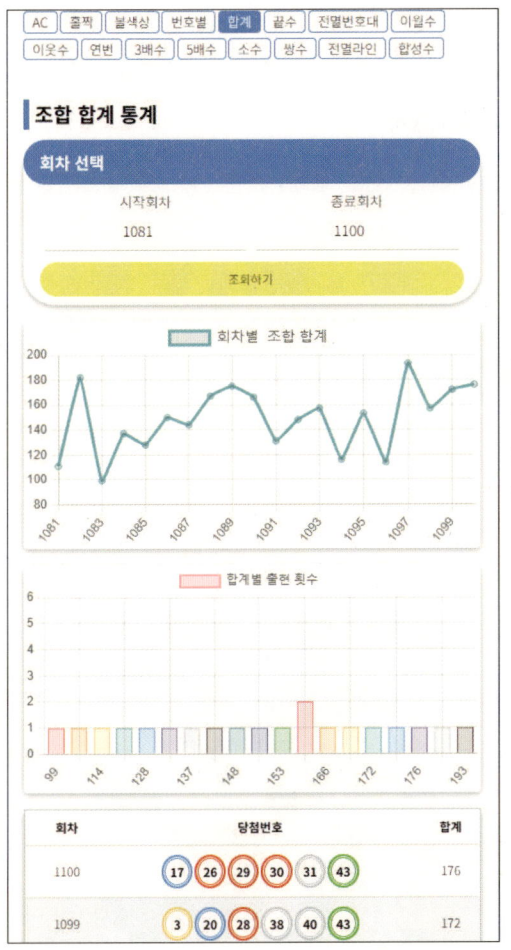

합계 통계는 당첨 조합 6개 번호의 합계를 확인할 수 있다.

20회 기준으로 조합에 활용한다면 최소 99, 최대 199를 적용하거나, 128 이상이 16회이고 175 이하가 17회이니 조건을 128 이상 175 이하로 잡을 수 있다.

끝수 통계

표준 통계

끝수 통계는 당첨번호의 끝수 및 끝수 합을 확인할 수 있다.

합계와 마찬가지로 끝수 합도 최소, 최대값이나 평균 등으로 조건에 적용할 수 있다. 끝수의 경우는 특정 출현 횟수가 많은 끝수를 강하게 보거나 약하게 볼 수 있다.

AC · 홀짝 · 블색상 · 번호별 · 합계 · 끝수 · 전멸번호대 · 이월수 · 이웃수 · 연번 · 3배수 · 5배수 · 소수 · 쌍수 · 전멸라인 · 합성수

끝수 통계

회차 선택

시작회차	종료회차
1081	1100

조회하기

회차별 끝수 합

회차	0끝	1끝	2끝	3끝	4끝	5끝	6끝	7끝	8끝	9끝	끝수 합
1100	1개	1개	0개	1개	0개	0개	1개	1개	0개	1개	26
1099	2개	0개	0개	1개	0개	0개	0개	0개	2개	0개	22
1098	0개	2개	1개	1개	1개	0개	1개	0개	0개	0개	17
1097	1개	0개	0개	1개	2개	1개	0개	1개	0개	0개	23
1096	0개	1개	1개	2개	0개	0개	0개	1개	0개	1개	24
1095	1개	0개	0개	0개	2개	0개	0개	0개	2개	1개	33
1094	1개	0개	1개	0개	0개	1개	2개	1개	0개	0개	26
1093	2개	0개	1개	1개	0개	1개	0개	1개	0개	0개	17
1092	0개	0개	0개	1개	0개	1개	0개	1개	1개	1개	38

전멸번호대 현황 통계 |

전멸번호대 통계는 각 번호대별의 출현 및 전멸을 확인할 수 있다. 볼색상 통계와 유사하며 최근 20회를 기준으로 10번대와 20번 대가 출현 확률이 높고 단번대와 40번 대가 낮다. 전멸을 예상한다면 최근 20회 동안 10번대는 1번의 전멸만 있었으므로 10대를 예상하거나 전멸이 많았던 단번대와 40번대를 잡을 수도 있다.

표준 통계

전멸번호대 현황

단번대	10번대	20번대	30번대	40번대
1-10	11-20	21-30	31-40	41-45

회차 선택

시작회차	종료회차
1081	1100

조회하기

번호대별 전멸 횟수

회차	단번	10번	20번	30번	40번	전멸없음
1100	전멸	출현	출현	출현	출현	
1099	출현	출현	출현	출현	출현	✔
1098	전멸	출현	출현	전멸	출현	
1097	전멸	출현	전멸	출현	전멸	
1096	출현	출현	출현	전멸	출현	
1095	출현	출현	출현	출현	전멸	
1094	출현	출현	출현	출현	전멸	

이월수 출현 현황 통계

이월수 통계는 직전 회차 당첨번호 6개
의 출현 개수를 확인할 수 있다.
최근 20회차 기준으로 본다면 이월수는
선택하지 않는 것이 확률적으로 높다.

이웃수 출현 현황 통계 |

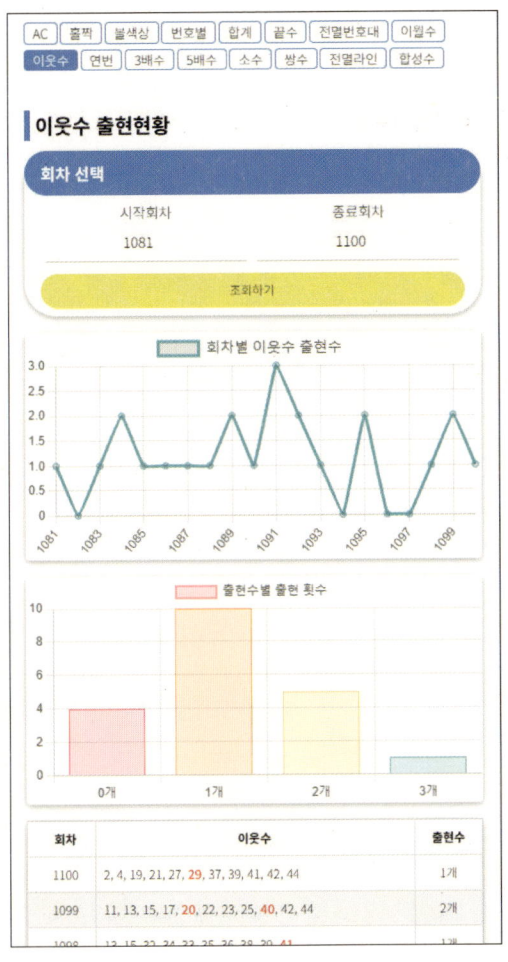

AC	홀짝	볼색상	번호별	합계	끝수	전멸번호대	이월수
이웃수	연번	3배수	5배수	소수	쌍수	전멸라인	합성수

이웃수 출현현황

회차 선택

시작회차　　　　　　　　종료회차
1081　　　　　　　　　　1100

조회하기

회차별 이웃수 출현수

출현수별 출현 횟수

회차	이웃수	출현수
1100	2, 4, 19, 21, 27, 29, 37, 39, 41, 42, 44	1개
1099	11, 13, 15, 17, 20, 22, 23, 25, 40, 42, 44	2개
1098	13, 15, 22, 24, 32, 35, 36, 38, 39, 41	1개

이웃수 통계는 당첨번호의 앞 번호와 뒷 번호의 출현 개수를 확인할 수 있다.

20회 통계 기준 16번의 이웃수 출현이 있었으므로 최소 1수는 포함시키는 것이 조합 구성에 좋다.

연번 출현 현황 통계

연번 통계는 당첨번호에서 연속된 번호가 출현한 회수를 확인할 수 있다.
20회 기준 연번의 출현이 많기 때문에 조합 구성 시 연번을 넣거나 최근으로 올수록 연번 출현이 없어지는 형태를 보이니 연번을 넣지 않는 구성도 가능하다.

| AC | 홀짝 | 볼색상 | 번호별 | 합계 | 끝수 | 전멸번호대 | 이월수 |
| 이웃수 | 연번 | 3배수 | 5배수 | 소수 | 쌍수 | 전멸라인 | 합성수 |

연번 출현현황

회차 선택

시작회차	종료회차
1081	1100

조회하기

회차	당첨번호						연번출현
1100	17	26	29	30	31	43	3연번 1쌍
1099	3	20	28	38	40	43	0쌍
1098	12	16	21	24	41	43	0쌍
1097	14	33	34	35	37	40	3연번 1쌍
1096	1	12	16	19	23	43	0쌍
1095	8	14	28	29	34	40	2연번 1쌍
1094	6	7	15	22	26	40	2연번 1쌍
1093	10	17	22	30	35	43	0쌍
1092	7	18	19	26	33	45	2연번 1쌍
1091	6	20	23	24	28	30	2연번 1쌍
1090	12	19	21	29	40	45	0쌍
1089	4	18	31	37	42	43	2연번 1쌍
1088	11	21	22	30	39	44	2연번 1쌍
1087	13	14	18	21	34	44	2연번 1쌍
1086	11	16	25	27	35	36	2연번 1쌍
1085	4	7	17	18	38	44	2연번 1쌍

3배수 현황 통계

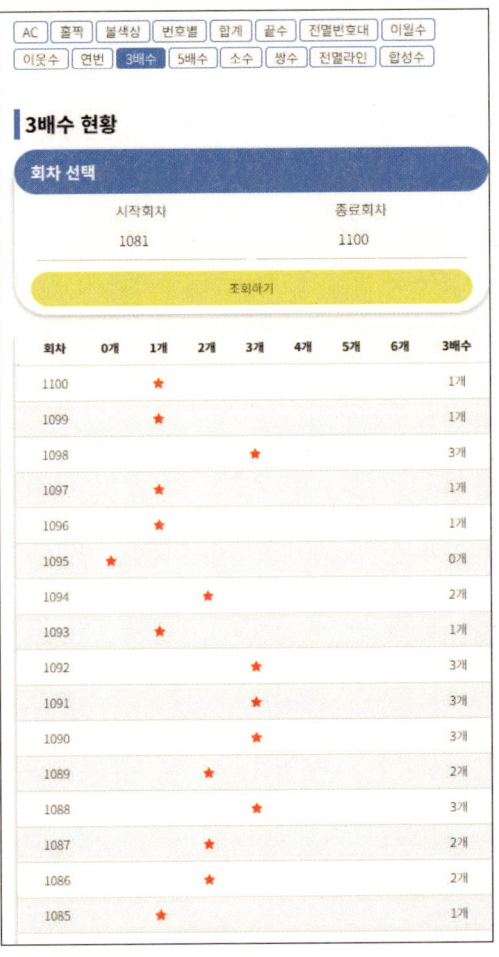

3배수 통계는 당첨번호 6개 번호 중 3의 배수 출현 개수를 확인할 수 있다.

20회 기준 3배수 출현 개수가 최소 1개 이상이 19회로 3배수는 1개 이상 3개 이하로 구성할 수 있다.

5배수 현황 통계

5배수 통계는 당첨번호 6개 번호 중 5의 배수 출현 개수를 확인할 수 있다.

20회 기준 5배수 출현 개수가 0인 회차가 많고 1개 또는 2개 출현이 확인되므로 조합 구성 시 0개 또는 1개, 0개 또는 2개로 구성할 수 있다.

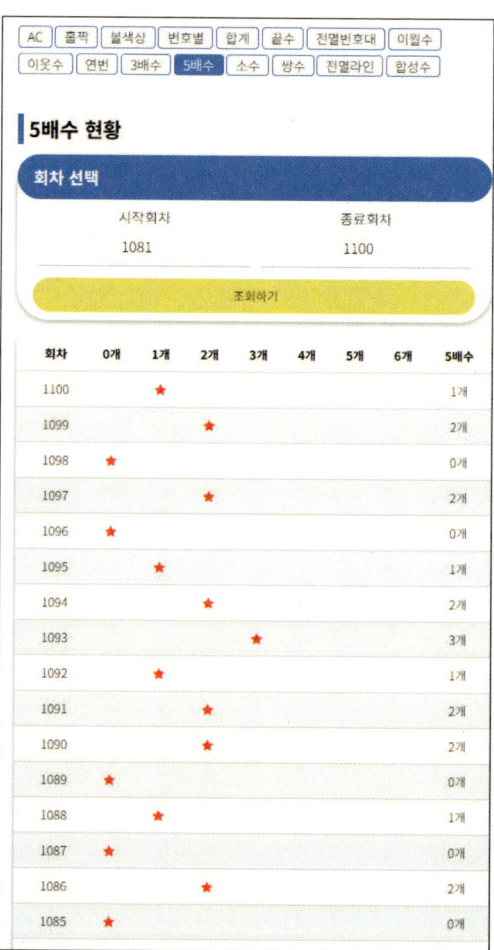

회차	0개	1개	2개	3개	4개	5개	6개	5배수
1100		★						1개
1099			★					2개
1098	★							0개
1097			★					2개
1096	★							0개
1095		★						1개
1094			★					2개
1093				★				3개
1092		★						1개
1091			★					2개
1090			★					2개
1089	★							0개
1088		★						1개
1087	★							0개
1086			★					2개
1085	★							0개

소수 현황 통계 |

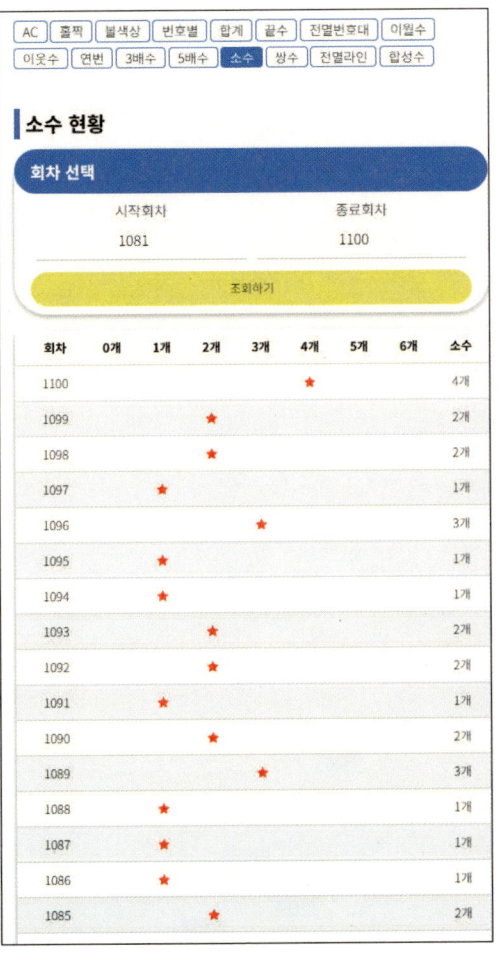

소수 통계는 1을 제외한 1과 해당 수로만 나누어지는 수의 출현 개수를 확인할 수 있다.

20회 기준 1개 또는 2개 출현이 많으므로 조합 시 1개 또는 2개를 넣어서 구성할 수 있다.

AC | 홀짝 | 블색상 | 번호별 | 합계 | 끝수 | 전열번호대 | 이월수
이웃수 | 연번 | 3배수 | 5배수 | 소수 | 쌍수 | 전열라인 | 합성수

소수 현황

회차 선택

시작회차	종료회차
1081	1100

조회하기

회차	0개	1개	2개	3개	4개	5개	6개	소수
1100					★			4개
1099			★					2개
1098			★					2개
1097		★						1개
1096				★				3개
1095		★						1개
1094		★						1개
1093			★					2개
1092			★					2개
1091		★						1개
1090			★					2개
1089				★				3개
1088		★						1개
1087		★						1개
1086		★						1개
1085			★					2개

쌍수 통계

표준 통계

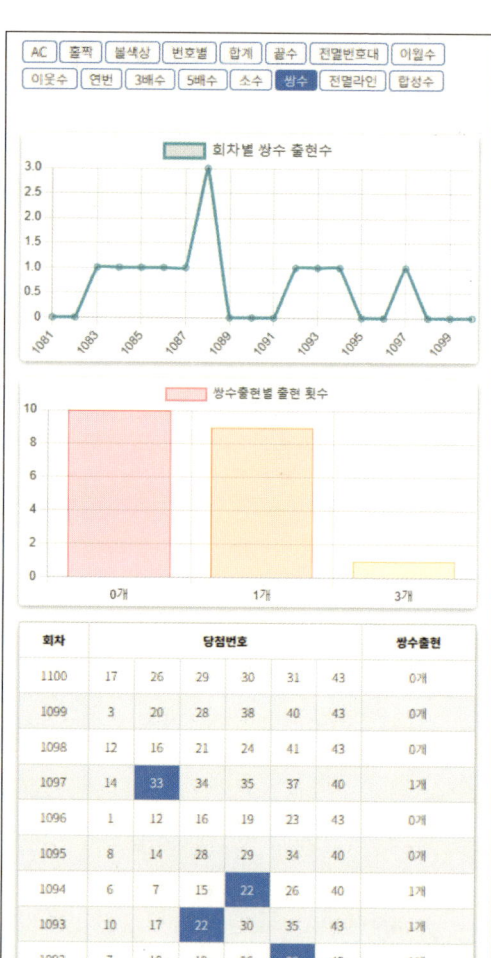

쌍수 통계는 11, 22, 33, 44 번호의 출현 개수를 확인할 수 있다.

번호의 개수가 4개라 출현 횟수가 적지만 일정 주기(20회차 기준 최대 3주)로 출현을 하기 때문에 해당 회차가 되었을 때 고정수로 잡거나 쌍수 중 한 개를 포함하는 조건으로 조합을 구성할 수 있다.

회차	당첨번호						쌍수출현
1100	17	26	29	30	31	43	0개
1099	3	20	28	38	40	43	0개
1098	12	16	21	24	41	43	0개
1097	14	33	34	35	37	40	1개
1096	1	12	16	19	23	43	0개
1095	8	14	28	29	34	40	0개
1094	6	7	15	22	26	40	1개
1093	10	17	22	30	35	43	1개
1092	7	18	19	26	33	45	1개

전멸라인 현황 통계 |

AC | 홀짝 | 볼색상 | 번호별 | 합계 | 끝수 | 전멸번호대 | 이월수
이웃수 | 연번 | 3배수 | 5배수 | 소수 | 쌍수 | 전멸라인 | 합성수

전멸라인 현황

회차	패턴						
1100	1	2	3	4	5	6	7
	8	9	10	11	12	13	14
	15	16	17	18	19	20	21
	22	23	24	25	26	27	28
	29	30	31	32	33	34	35
	36	37	38	39	40	41	42
	43	44	45				
1099	1	2	3	4	5	6	7
	8	9	10	11	12	13	14
	15	16	17	18	19	20	21
	22	23	24	25	26	27	28
	29	30	31	32	33	34	35
	36	37	38	39	40	41	42
	43	44	45				
1098	1	2	3	4	5	6	7
	8	9	10	11	12	13	14
	15	16	17	18	19	20	21
	22	23	24	25	26	27	28
	29	30	31	32	33	34	35
	36	37	38	39	40	41	42
	43	44	45				

전멸라인 통계는 용지 기준 가로, 세로 줄의 전멸을 확인할 수 있다.
20회차 기준 가로 1라인 및 세로 4라인의 전멸이 많이 되었고, 조합 구성 시 해당 라인의 번호를 포함해서 조합을 구성할 수 있다.

합성수 현황 통계

합성수 통계는 소수 및 3배수의 번호가 아닌 번호의 출현 개수를 확인할 수 있다. 20회차 기준 최소 1개 이상, 3개 이하가 많으니 조합 구성 시 1개 또는 3개, 1~3개로 구성할 수 있다.

AC 퐁퐁 불색상 번호별 합계 끝수 전멸번호대 이월수
이웃수 연번 3배수 5배수 소수 쌍수 전멸라인 합성수

합성수 현황

회차 선택

시작회차	종료회차
1081	1100

조회하기

회차	0개	1개	2개	3개	4개	5개	6개	합성수
1100		★						1개
1099					★			4개
1098		★						1개
1097					★			4개
1096			★					2개
1095						★		5개
1094				★				3개
1093				★				3개
1092		★						1개
1091			★					2개
1090		★						1개
1089		★						1개
1088			★					2개
1087				★				3개
1086				★				3개
1085				★				3개

출현그룹표 및 미출기간표 통계

출현그룹표 미출기간표 모서리패턴 삼각패턴 풍당풍당패턴
좌우2줄패턴 가로3줄 가로6줄 세로3줄 세로6줄 시작번호15번
끝번호30번

출현그룹표 현황

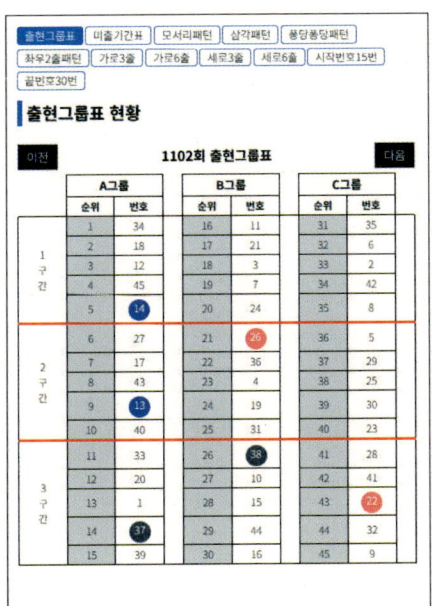

1102회 출현그룹표

미출기간표 현황

이전 1102회 미출기간표 다음

주차	번호					
1	6	7	13	28	36	42
2	17	26	29	30	31	43
3	3	20	38	40		
4	12	16	21	24	41	
5	14	33	34	35	37	
6	1	19	23			
7	8					
8	15	22				
9	10					
10	18	45				
13	4					
14	11	39	44			
16	25	27				
20	32					
21	9					
31	2					
50	5					

- 출현그룹표 통계는 로또번호 45개의 역대 출현 횟수별로 순위를 정한 후 15개씩 끊어서 그룹을 표시하고 가로 5줄을 기준으로 구간을 나눈 통계이다. 기본적인 활용은 하나의 그룹(세로줄) 또는 구간에서 6개의 번호를 선택하지 않고 최소 2그룹 및 2구간에서 번호 6개를 선택하는 것이다.
- 미출기간표 통계는 로또 번호 45개를 회차별 당첨번호에 맞게 1주 차부터 장기 미출 주간까지 표시 한 통계이다. 기본적으로 이전 회차들의 당첨번호의 주차를 확인하고 10주 내 구간과 미출 구간으로 분리하여 6:0, 5:1, 4:2 순으로 조합번호를 구성할 수 있다.

모서리패턴 현황 통계

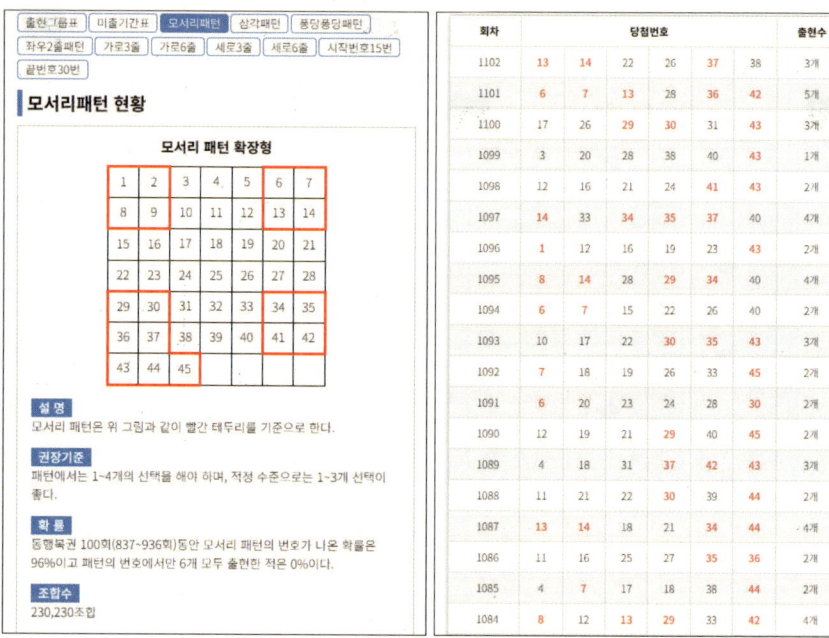

| 출현그룹# | 미출현기간# | 모서리패턴 | 삼각패턴 | 풍당풍당패턴 |
| 좌우2줄패턴 | 가로3줄 | 가로6줄 | 세로3줄 | 세로6줄 | 시작번호15번 |
| 끝번호30번 |

모서리패턴 현황

모서리 패턴 확장형

1	2	3	4	5	6	7
8	9	10	11	12	13	14
15	16	17	18	19	20	21
22	23	24	25	26	27	28
29	30	31	32	33	34	35
36	37	38	39	40	41	42
43	44	45				

설명
모서리 패턴은 위 그림과 같이 빨간 테두리를 기준으로 한다.

권장기준
패턴에서는 1~4개의 선택을 해야 하며, 적정 수준으로는 1~3개 선택이 좋다.

확률
동행복권 100회(837~936회)동안 모서리 패턴의 번호가 나온 확률은 96%이고 패턴의 번호에서만 6개 모두 출현한 적은 0%이다.

조합수
230,230조합

회차	당첨번호						출현수
1102	13	14	22	26	37	38	3개
1101	6	7	13	28	36	42	5개
1100	17	26	29	30	31	43	3개
1099	3	20	28	38	40	43	1개
1098	12	16	21	24	41	43	2개
1097	14	33	34	35	37	40	4개
1096	1	12	16	19	23	43	2개
1095	8	14	28	29	34	40	4개
1094	6	7	15	22	26	40	2개
1093	10	17	22	30	35	43	3개
1092	7	18	19	26	33	45	2개
1091	6	20	23	24	28	30	2개
1090	12	19	21	29	40	45	2개
1089	4	18	31	37	42	43	3개
1088	11	21	22	30	39	44	2개
1087	13	14	18	21	34	44	4개
1086	11	16	25	27	35	36	2개
1085	4	7	17	18	38	44	2개
1084	8	12	13	29	33	42	4개

- 모서리패턴은 그림 설명에 있듯이 용지 기준 각 모서리 4개 구간을 기준으로 번호가 몇 개 출현했는지 확인할 수 있는 통계이다.
- 통계를 살펴보면 매회 당첨번호가 모서리 패턴에서 1수 이상은 출현을 하고 2수 출현이 가장 많이 출현한 것으로 확인된다. 그래서 조합번호 선택 시에는 모서리 구간에서 최소 2수는 선택하는 구성을 하는 것이 좋다.

삼각패턴 현황 통계

삼각패턴 현황

좌상 삼각 패턴

1	2	3	4	5	6	7
8	9	10	11	12	13	14
15	16	17	18	19	20	21
22	23	24	25	26	27	28
29	30	31	32	33	34	35
36	37	38	39	40	41	42
43	44	45				

● ● ● ●

설명
삼각 패턴은 총4가지로 위의 그림과 같이 빨간 테두리를 기준으로 한다.

권장기준
번호6개를 모두 삼각패턴으로 조합하면 1등 번호 조합을 하기 어렵다. 총 4가지의 삼각 패턴 번호들로만 조합을 하면 안된다.

확률
동행복권 100회(837~936회)동안 좌상 패턴으로만 94%, 좌하 패턴으로 는 100%, 우상 패턴으로는 97%, 우하 패턴으로는 99%로 나오지 않았 다.

조합수
좌상 : 376,740조합, 좌하 : 134,596조합
우상 : 296,010조합, 우하 : 134,596조합

회차	당첨번호						좌상	좌하	우상	우하
1102	13	14	22	26	37	38	O	O	O	O
1101	6	7	13	28	36	42	O	O	O	O
1100	17	26	29	30	31	43	O	O	O	O
1099	3	20	28	38	40	43	O	O	O	O
1098	12	16	21	24	41	43	O	O	O	O
1097	14	33	34	35	37	40	O	O	O	X
1096	1	12	16	19	23	43	X	O	O	O
1095	8	14	28	29	34	40	O	O	O	O
1094	6	7	15	22	26	40	O	O	O	O
1093	10	17	22	30	35	43	O	O	O	O
1092	7	18	19	26	33	45	O	O	O	O
1091	6	20	23	24	28	30	O	O	O	O
1090	12	19	21	29	40	45	O	O	O	O
1089	4	18	31	37	42	43	O	O	O	O
1088	11	21	22	30	39	44	O	O	O	O
1087	13	14	21	31	34	44	O	O	O	O
1086	11	16	25	27	35	36	O	O	O	O
1085	4	7	17	18	38	44	O	O	O	O
1084	8	12	13	29	33	42	O	O	O	O

- 삼각패턴은 로또용지 기준으로 그림 모양과 같고 해당 삼각형 기준으로 좌상, 좌하, 우상, 우하가 있고 각 패턴 별로 당첨 조합이 나오지 않은 것을 표시한 통계이다.(x는 출현한 회차)
- 통계를 보면 해당 삼각형 내의 번호로만 구성된 조합이 1등 번호로 나온 회차는 매우 드물기 때 문에 조합 구성을 할 때는 해당 삼각형 내의 번호들로 구성을 하지 않는 것이 좋다.

퐁당퐁당패턴 현황 통계

퐁당퐁당패턴 현황

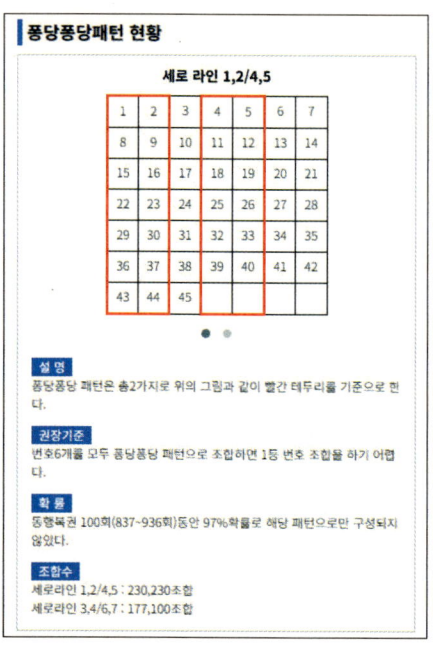

세로 라인 1,2/4,5

설명
퐁당퐁당 패턴은 총2가지로 위의 그림과 같이 빨간 테두리를 기준으로 한다.

권장기준
번호6개를 모두 퐁당퐁당 패턴으로 조합하면 1등 번호 조합을 하기 어렵다.

확률
동행복권 100회(837~936회)등안 97%확률로 해당 패턴으로만 구성되지 않았다.

조합수
세로라인 1,2/4,5 : 230,230조합
세로라인 3,4/6,7 : 177,100조합

회차	당첨번호						세로14		세로36	
1102	13	14	22	26	37	38	3개	O	3개	O
1101	6	7	13	28	36	42	1개	O	5개	O
1100	17	26	29	30	31	43	4개	O	2개	O
1099	3	20	28	38	40	43	2개	O	4개	O
1098	12	16	21	24	41	43	3개	O	3개	O
1097	14	33	34	35	37	40	3개	O	3개	O
1096	1	12	16	19	23	43	6개	X	0개	O
1095	8	14	28	29	34	40	3개	O	3개	O
1094	6	7	15	22	26	40	4개	O	3개	O
1093	10	17	22	30	35	43	3개	O	3개	O
1092	7	18	19	26	33	45	4개	O	3개	O
1091	6	20	23	24	28	30	2개	O	4개	O
1090	12	19	21	29	40	45	4개	O	4개	O
1089	4	18	31	37	42	43	4개	O	4개	O
1088	11	21	22	30	39	44	5개	O	3개	O
1087	13	14	18	21	34	44	2개	O	6개	O
1086	11	16	25	27	35	36	4개	O	4개	O
1085	4	7	17	18	38	44	3개	O	5개	O
1084	8	12	13	29	33	42	4개	O	2개	O

• 퐁당퐁당패턴은 로또용지 기준으로 세로 1, 2, 4, 5열과 3, 4, 6, 7열을 말하고 해당 패턴에 당첨번호가 몇 개 나왔는지 표시한 통계이다.

• 통계에서 알 수 있듯이 해당 패턴으로 구성된 조합이 1등 당첨이 된 경우는 매우 드물기 때문에 조합 구성을 할 때는 해당 패턴의 번호로만 구성을 하지 않는 것이 좋다.

좌우2줄패턴 현황 통계

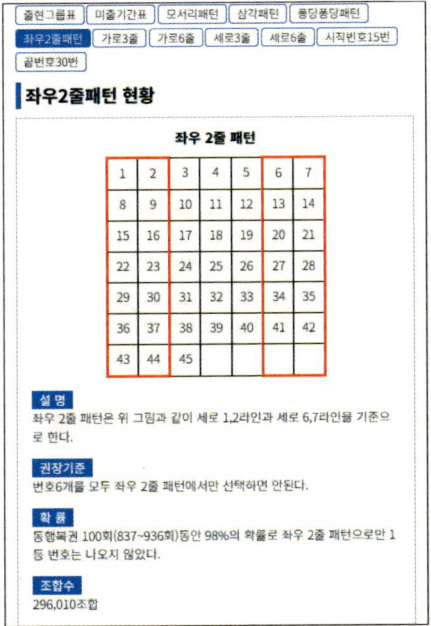

출현그룹표 | 미출기간표 | 모서리패턴 | 삼각패턴 | 롱당롱당패턴
좌우2줄패턴 | 가로3줄 | 가로6줄 | 세로3줄 | 세로6줄 | 시작번호15번
끝번호30번

좌우2줄패턴 현황

좌우 2줄 패턴

1	2	3	4	5	6	7
8	9	10	11	12	13	14
15	16	17	18	19	20	21
22	23	24	25	26	27	28
29	30	31	32	33	34	35
36	37	38	39	40	41	42
43	44	45				

설명
좌우2줄 패턴은 위 그림과 같이 세로 1,2라인과 세로 6,7라인을 기준으로 한다.

권장기준
번호6개를 모두 좌우 2줄 패턴에서만 선택하면 안된다.

확률
동행복권 100회(837~936회)동안 98%의 확률로 좌우 2줄 패턴으로만 1등 번호는 나오지 않았다.

조합수
296,010조합

회차	당첨번호						좌우2줄	
1102	13	14	22	26	37	38	4개	O
1101	6	7	13	28	36	42	6개	X
1100	17	26	29	30	31	43	3개	O
1099	3	20	28	38	40	43	3개	O
1098	12	16	21	24	41	43	4개	O
1097	14	33	34	35	37	40	4개	O
1096	1	12	16	19	23	43	3개	O
1095	8	14	28	29	34	40	5개	O
1094	6	7	15	22	26	40	4개	O
1093	10	17	22	30	35	43	4개	O
1092	7	18	19	26	33	45	1개	O
1091	6	20	23	24	28	30	5개	O
1090	12	19	21	29	40	45	2개	O
1089	4	18	31	37	42	43	3개	O
1088	11	21	22	30	39	44	4개	O
1087	13	14	18	21	34	44	5개	O
1086	11	16	25	27	35	36	4개	O
1085	4	7	17	18	38	44	2개	O
1084	8	12	13	29	33	42	4개	O

- 좌우2줄패턴은 그림과 같이 왼쪽과 오른쪽 끝의 2열을 말하고 해당 패턴에 당첨번호가 몇 개가 나왔는지 표시한 통계이다.
- 통계에서 알 수 있듯이 해당 패턴의 번호로만 조합 구성을 하지 않는 것이 좋다.

가로연속3줄패턴 현황 통계

가로연속3줄패턴 현황

가로 라인 1,2,3

1	2	3	4	5	6	7
8	9	10	11	12	13	14
15	16	17	18	19	20	21
22	23	24	25	26	27	28
29	30	31	32	33	34	35
36	37	38	39	40	41	42
43	44	45				

● ● ● ● ● ●

설 명
가로 연속 3줄 패턴은 총5가지로 위의 그림과 같이 빨간 테두리를 기준으로 한다.

권장기준
번호6개를 모두 가로연속3줄 패턴으로 조합하면 1등 번호 조합을 하기 어렵다.

확 률
동행복권 100회(837~936회)동안 가로 1~3 99%, 가로 2~4 99%, 가로 3~5 100%, 가로 4~6 100%, 가로 5~7 100% 확률로 해당 패턴으로만 구성되지 않았다.

조합수
가로 라인 1~3 : 54,264조합
가로 라인 2~4 : 54,264조합

회차	당첨번호						13	24	35	46	57
1102	13	14	22	26	37	38	O	O	O	O	O
1101	6	7	13	28	36	42	O	O	O	O	O
1100	17	26	29	30	31	43	O	O	O	O	O
1099	3	20	28	38	40	43	O	O	O	O	O
1098	12	16	21	24	41	43	O	O	O	O	O
1097	14	33	34	35	37	40	O	O	O	O	O
1096	1	12	16	19	23	43	O	O	O	O	O
1095	8	14	28	29	34	40	O	O	O	O	O
1094	6	7	15	22	26	40	O	O	O	O	O
1093	10	17	22	30	35	43	O	O	O	O	O
1092	7	18	19	26	33	45	O	O	O	O	O
1091	6	20	23	24	28	30	O	O	O	O	O
1090	12	19	21	29	40	45	O	O	O	O	O
1089	4	18	31	37	42	43	O	O	O	O	O
1088	11	21	22	30	39	44	O	O	O	O	O
1087	13	14	18	21	34	44	O	O	O	O	O
1086	11	16	25	27	35	36	O	O	O	O	O
1085	4	7	17	18	38	44	O	O	O	O	O
1084	8	12	13	29	33	42	O	O	O	O	O

• 가로연속3줄패턴은 로또용지 기준 1~3행, 2~4행, 3~5행, 4~6행, 5~7행을 말하고 패턴 별로 당첨 조합이 나오지 않은 것을 표시한 통계이다.

• 통계에서 알 수 있듯이 해당 패턴의 번호로만 조합 구성을 하지 않는 것이 좋다.

가로연속6줄패턴 현황 통계

가로연속6줄패턴 현황

가로 1라인부터 연속 6줄

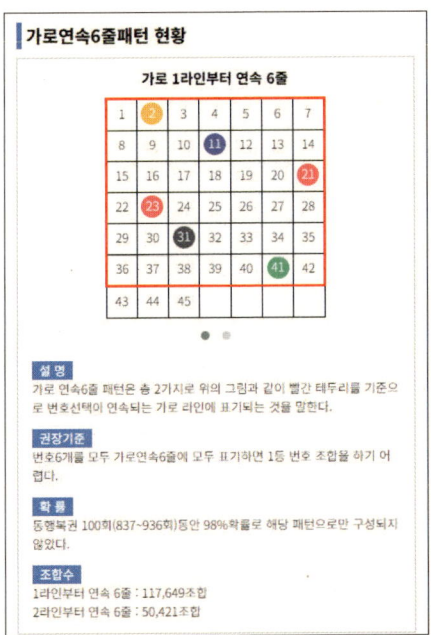

설명
가로연속6줄 패턴은 총 2가지로 위의 그림과 같이 빨간 테두리를 기준으로 번호선택이 연속되는 가로 라인에 표기되는 것을 말한다.

권장기준
번호6개를 모두 가로연속6줄에 모두 표기하면 1등 번호 조합을 하기 어렵다.

확률
동행복권 100회(837~936회)동안 98%확률로 해당 패턴으로만 구성되지 않았다.

조합수
1라인부터 연속 6줄 : 117,649조합
2라인부터 연속 6줄 : 50,421조합

회차	당첨번호						가로1~6	가로2~7
1102	13	14	22	26	37	38	O	O
1101	6	7	13	28	36	42	O	O
1100	17	26	29	30	31	43	O	O
1099	3	20	28	38	40	43	O	O
1098	12	16	21	24	41	43	O	O
1097	14	33	34	35	37	40	O	O
1096	1	12	16	19	23	43	O	O
1095	8	14	28	29	34	40	O	O
1094	6	7	15	22	26	40	O	O
1093	10	17	22	30	35	43	O	O
1092	7	18	19	26	33	45	O	O
1091	6	20	23	24	28	30	O	O
1090	12	19	21	29	40	45	O	O
1089	4	18	31	37	42	43	O	O
1088	11	21	22	30	39	44	O	X
1087	13	14	18	21	34	44	O	O
1086	11	16	25	27	35	36	O	O
1085	4	7	17	18	38	44	O	O
1084	8	12	13	29	33	42	O	O

· 가로연속6줄패턴은 로또용지 기준 조합번호가 1, 2, 3, 4, 5, 6행 및 2, 3, 4, 5, 6, 7행에 한 개씩 있는 것을 말하며 해당 패턴으로만 당첨 조합이 나오지 않은 것을 표시한 통계이다.

· 통계에서 알 수 있듯이 해당 패턴의 번호로 조합 구성을 하지 않는 것이 좋다.

세로연속3줄패턴 현황

세로 라인 1,2,3

1	2	3	4	5	6	7
8	9	10	11	12	13	14
15	16	17	18	19	20	21
22	23	24	25	26	27	28
29	30	31	32	33	34	35
36	37	38	39	40	41	42
43	44	45				

● ● ● ● ●

설 명
세로 연속 3줄 패턴은 총5가지로 위의 그림과 같이 빨간 테두리를 기준으로 한다.

권장기준
번호6개를 모두 세로연속3줄 패턴으로 조합하면 1등 번호 조합을 하기 어렵다.

확 률
통행복권 100회(837~936회)동안 가로 1~3 99%, 가로 2~4 99%, 가로 3~5 100%, 가로 4~6 100%, 가로 5~7 100% 확률로 해당 패턴으로만 구성되지 않았다.

조합수
세로 라인 1~3 : 54,264조합
세로 라인 2~4: 38,760조합

회차	당첨번호						13	24	35	46	57
1102	13	14	22	26	37	38	O	O	O	O	O
1101	6	7	13	28	36	42	O	O	O	O	O
1100	17	26	29	30	31	43	O	O	O	O	O
1099	3	20	28	38	40	43	O	O	O	O	O
1098	12	16	21	24	41	43	O	O	O	O	O
1097	14	33	34	35	37	40	O	O	O	O	O
1096	1	12	16	19	23	43	O	O	O	O	O
1095	8	14	28	29	34	40	O	O	O	O	O
1094	6	7	15	22	26	40	O	O	O	O	O
1093	10	17	22	30	35	43	O	O	O	O	O
1092	7	18	19	26	33	45	O	O	O	O	O
1091	6	20	23	24	28	30	O	O	O	O	O
1090	12	19	21	29	40	45	O	O	O	O	O
1089	4	18	31	37	42	43	O	O	O	O	O
1088	11	21	22	30	39	44	O	O	O	O	O
1087	13	14	18	21	34	44	O	O	O	O	O
1086	11	16	25	27	35	36	O	O	O	O	O
1085	4	7	17	18	38	44	O	O	O	O	O
1084	8	12	13	29	33	42	O	O	O	O	O

• 세로연속3줄패턴은 로또용지 기준 1~3열, 2~4열, 3~5열, 4~6열, 5~7열을 말하고 패턴 별로 당첨 조합이 나오지 않은 것을 표시한 통계이다.

• 통계에서 알 수 있듯이 해당 패턴의 번호로만 조합 구성을 하지 않는 것이 좋다.

세로연속6줄패턴 현황 통계

세로연속6줄패턴 현황

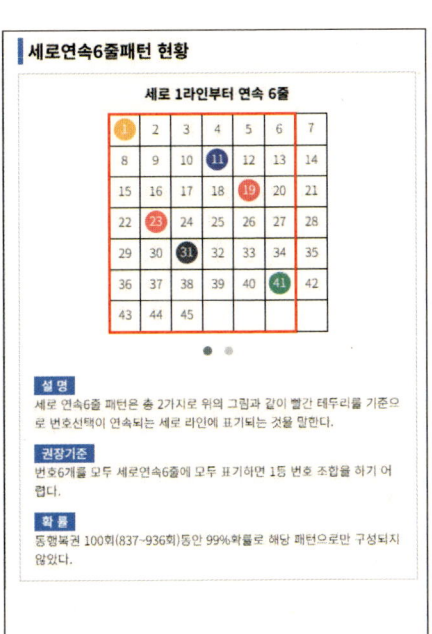

세로 1라인부터 연속 6줄

1	2	3	4	5	6	7
8	9	10	11	12	13	14
15	16	17	18	19	20	21
22	23	24	25	26	27	28
29	30	31	32	33	34	35
36	37	38	39	40	41	42
43	44	45				

설명
세로 연속6줄 패턴은 총 2가지로 위의 그림과 같이 빨간 테두리를 기준으로 번호선택이 연속되는 세로 라인에 표기되는 것을 말한다.

권장기준
번호6개를 모두 세로연속6줄에 모두 표기하면 1등 번호 조합을 하기 어렵다.

활용
동행복권 100회(837~936회)동안 99%확률로 해당 패턴으로만 구성되지 않았다.

회차	당첨번호						세로1~6	세로2~7
1102	13	14	22	26	37	38	O	O
1101	6	7	13	28	36	42	O	O
1100	17	26	29	30	31	43	O	O
1099	3	20	28	38	40	43	O	O
1098	12	16	21	24	41	43	O	O
1097	14	33	34	35	37	40	O	O
1096	1	12	16	19	23	43	O	O
1095	8	14	28	29	34	40	O	O
1094	6	7	15	22	26	40	O	O
1093	10	17	22	30	35	43	O	O
1092	7	18	19	26	33	45	O	O
1091	6	20	23	24	28	30	O	O
1090	12	19	21	29	40	45	O	O
1089	4	18	31	37	42	43	O	O
1088	11	21	22	30	39	44	O	O
1087	13	14	18	21	34	44	O	O
1086	11	16	25	27	35	36	O	O

- 세로연속6줄패턴은 로또용지 기준 조합번호가 1, 2, 3, 4, 5, 6열 및 2, 3, 4, 5, 6, 7열에 한 개씩 있는 것을 말하며 해당 패턴으로만 당첨 조합이 나오지 않은 것을 표시한 통계이다.
- 통계에서 알 수 있듯이 해당 패턴의 번호로 조합 구성을 하지 않는 것이 좋다.

시작번호 15번 이상 및 끝 번호 30번 미만 출현 현황 통계

전용 통계

시작번호15번이상 출현 현황

회차 선택

시작회차	종료회차
1083	1102

조회하기

회차	당첨번호						15번미만
1102	13	14	22	26	37	38	O
1101	6	7	13	28	36	42	O
1100	17	26	29	30	31	43	X
1099	3	20	28	38	40	43	O
1098	12	16	21	24	41	43	O
1097	14	33	34	35	37	40	O
1096	1	12	16	19	23	43	O
1095	8	14	28	29	34	40	O
1094	6	7	15	22	26	40	O
1093	10	17	22	30	35	43	O
1092	7	18	19	26	33	45	O
1091	6	20	23	24	28	30	O
1090	12	19	21	29	40	45	O

끝번호30번미만 출현 현황

회차 선택

시작회차	종료회차
1083	1102

조회하기

회차	당첨번호						30번이상
1102	13	14	22	26	37	38	O
1101	6	7	13	28	36	42	O
1100	17	26	29	30	31	43	O
1099	3	20	28	38	40	43	O
1098	12	16	21	24	41	43	O
1097	14	33	34	35	37	40	O
1096	1	12	16	19	23	43	O
1095	8	14	28	29	34	40	O
1094	6	7	15	22	26	40	O
1093	10	17	22	30	35	43	O
1092	7	18	19	26	33	45	O
1091	6	20	23	24	28	30	O
1090	12	19	21	29	40	45	O

- 로또 1등 당첨번호 중 가장 작은 수가 15번 미만으로 출현했는지 확인할 수 있는 통계이다. 20회차 기준 15번 이상으로 나온 회차는 1번으로 조합 구성 시 시작 번호는 15번 미만으로 하는 것이 좋다.
- 로또 1등 당첨번호 중 가장 큰 수가 30번 이상으로 출현했는지 확인할 수 있는 통계이다. 20회차 기준 30번 미만으로 나온 회차는 없으므로 조합 구성 시 마지막 번호는 30번 이상으로 하는 것이 좋다.

PART 3

로또9단
조합기 설명서

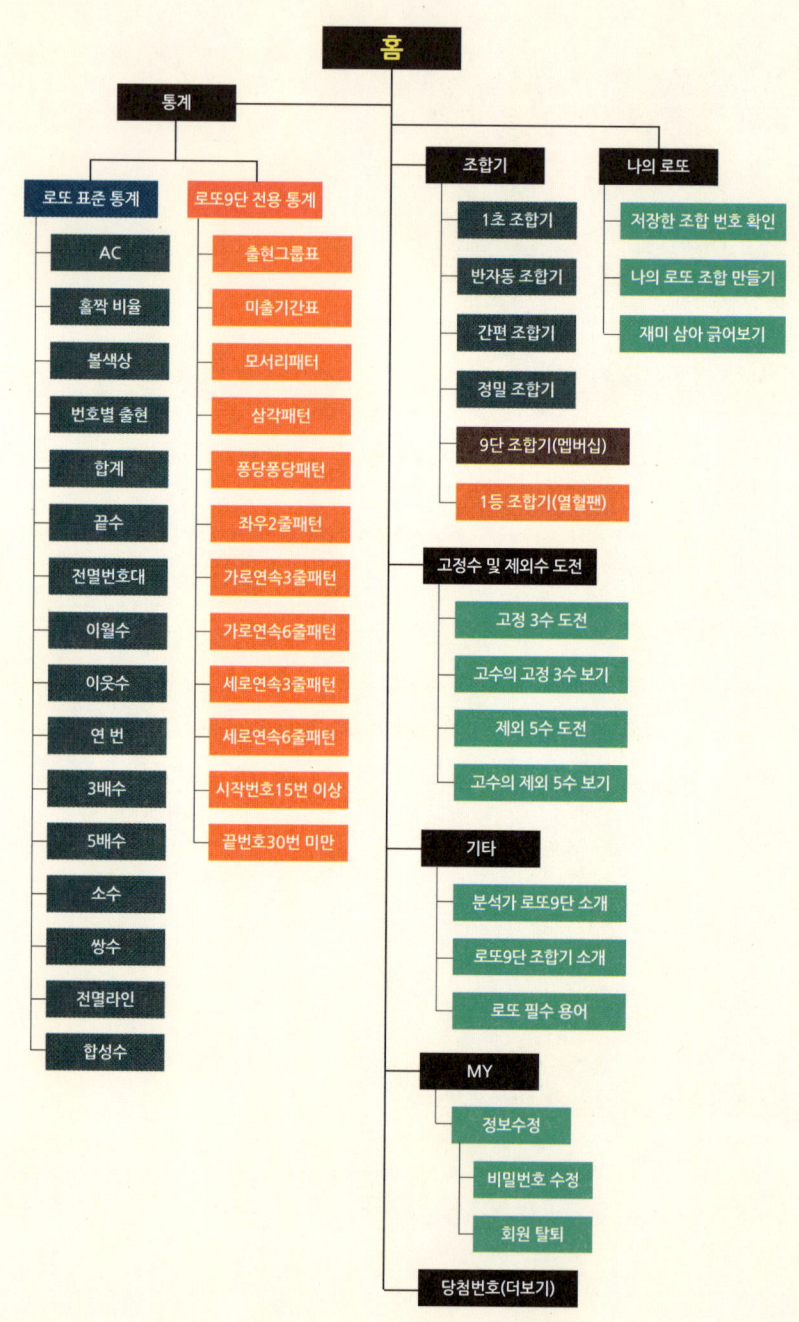

홈

통계

로또 표준 통계
- AC
- 홀짝 비율
- 볼색상
- 번호별 출현
- 합계
- 끝수
- 전멸번호대
- 이월수
- 이웃수
- 연 번
- 3배수
- 5배수
- 소수
- 쌍수
- 전멸라인
- 합성수

로또9단 전용 통계
- 출현그룹표
- 미출기간표
- 모서리패턴
- 삼각패턴
- 퐁당퐁당패턴
- 좌우2줄패턴
- 가로연속3줄패턴
- 가로연속6줄패턴
- 세로연속3줄패턴
- 세로연속6줄패턴
- 시작번호15번 이상
- 끝번호30번 미만

조합기
- 1초 조합기
- 반자동 조합기
- 간편 조합기
- 정밀 조합기
- 9단 조합기(멤버십)
- 1등 조합기(열혈팬)

나의 로또
- 저장한 조합 번호 확인
- 나의 로또 조합 만들기
- 재미 삼아 긁어보기

고정수 및 제외수 도전
- 고정 3수 도전
- 고수의 고정 3수 보기
- 제외 5수 도전
- 고수의 제외 5수 보기

기타
- 분석가 로또9단 소개
- 로또9단 조합기 소개
- 로또 필수 용어

MY
- 정보수정
- 비밀번호 수정
- 회원 탈퇴

당첨번호(더보기)

첫 화면 소개

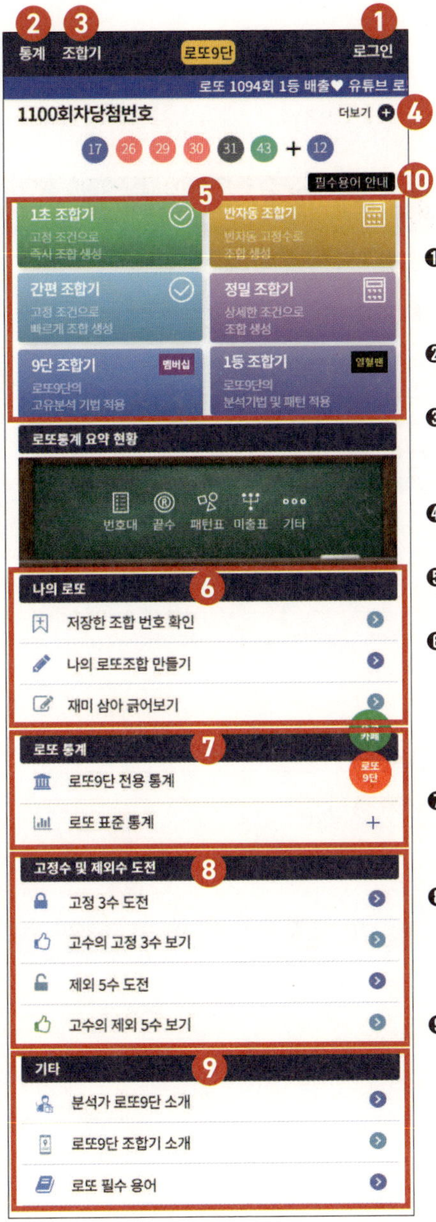

② ③ ① 로그인
통계 조합기 로또9단

로또 1094회 1등 배출♥ 유튜브 로

1100회차당첨번호 더보기 **➕ ④**

17 26 29 30 31 43 **+** 12

필수용어 안내 **⑩**

⑤

1초 조합기 ✓	반자동 조합기 🖩
고정 조건으로 즉시 조합 생성	반자동 고정수로 조합 생성
간편 조합기 ✓	정밀 조합기 🖩
고정 조건으로 빠르게 조합 생성	상세한 조건으로 조합 생성
9단 조합기 멤버십	1등 조합기 얼헐뻔
로또9단의 고유분석 기법 적용	로또9단의 분석기법 및 패턴 적용

로또통계 요약 현황

번호대 끝수 패턴표 미출표 기타

나의 로또 ⑥

⚑ 저장한 조합 번호 확인 ❯

✎ 나의 로또조합 만들기 ❯

✎ 재미 삼아 긁어보기 ❯

로또 통계 ⑦ 기록 로또9단

🏛 로또9단 전용 통계 로또9단

📊 로또 표준 통계 +

고정수 및 제외수 도전 ⑧

🔒 고정 3수 도전 ❯

👍 고수의 고정 3수 보기 ❯

🔒 제외 5수 도전 ❯

👍 고수의 제외 5수 보기 ❯

기타 ⑨

👤 분석가 로또9단 소개 ❯

📱 로또9단 조합기 소개 ❯

📖 로또 필수 용어 ❯

❶ 로그인을 선택하여 회원가입을 하면 조합기 및 통계 메뉴 등을 볼 수 있다.

❷ 로또 표준 통계 및 로또9단 전용 통계 메뉴

❸ 1초 조합기, 반자동 조합기, 간편 조합기, 정밀 조합기 메뉴

❹ 역대 당첨번호를 확인할 수 있다.

❺ 각 조합기 화면으로 바로 갈 수 있는 메뉴 화면

❻ 나의 로또 메뉴로 조합 생성 후 저장 한 조합들을 확인할 수 있고 '나의 로또조합 만들기'로 직접 번호를 입력해 조합에 대한 패턴 및 기본 조건에 대한 결과를 확인할 수 있다.

❼ 통계 메뉴로 선택을 하면 상세 메뉴가 나타나고 해당 통계 화면으로 이동할 수 있다.

❽ 고정수 및 제외수 도전은 사용자가 생각한 고정수나 제외수를 선택하여 많이 선택된 번호를 보여주는 메뉴이다.

❾ ❿ 간단한 소개 및 로또 필수 용어를 확인할 수 있다.

로그인 및 비밀번호 찾기

❶ 아이디(ID)에 가입한 휴대전화 번호 및 비밀번호를 입력한다.

❷ 로그인 버튼을 눌러 로그인 진행

❸ 처음 사용 시 회원가입을 통해 아이디를 생성한다.

❹ 아이디에 대한 비밀번호 찾기

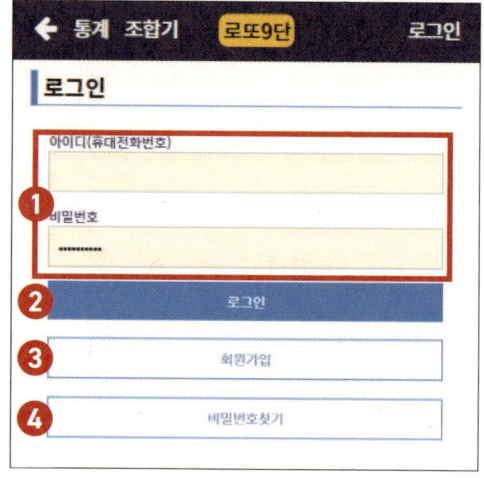

비밀번호가 기억나지 않을 때 임시 비밀번호를 받을 수 있다.

❶ 아이디(ID)인 휴대전화 번호를 입력 후 인증번호 요청을 진행

❷ 인증번호를 입력 후 인증 확인을 클릭 후

❸ 임시 비밀번호 받기를 선택해 ID인 휴대전화 번호로 임시 비밀번호를 받을 수 있다.

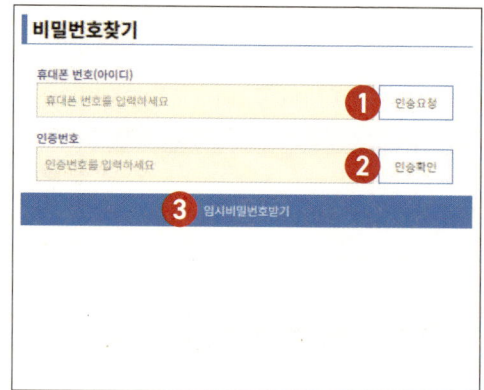

회원가입하기 |

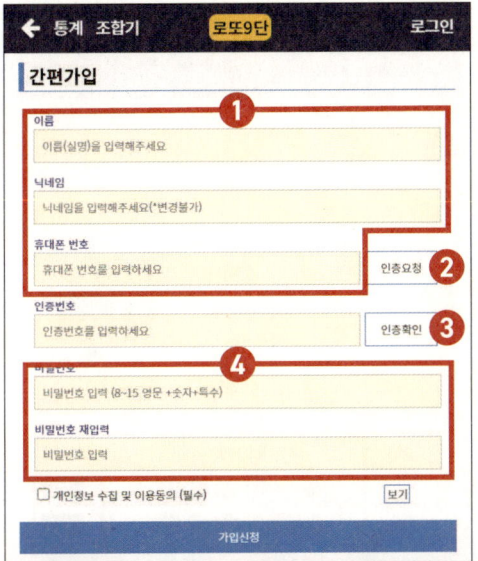

가입 양식에 따라 항목을 입력 후 회원가입을 진행한다.
이름, 닉네임, 휴대전화 번호(ID), 비밀번호를 입력하고 개인정보 수집 및 이용 동의를 체크 후 가입신청하기를 선택, 휴대전화 번호를 입력 후 인증 요청을 통해 인증번호를 입력해야 가입신청이 가능하다.

❶ 이름, 닉네임, 휴대전화 번호 입력
❷ 인증 요청 선택
❸ 문자로 수신 받은 인증번호를 입력 후 인증 확인 클릭
❹ 비밀번호를 입력
❺ 이용 동의 선택 및 가입신청하기

저장한 조합번호 확인

로그인 후 조합을 생성하면 해당 조합을 회차별로 저장을 할 수 있고 당첨 여부 확인이 가능하다.

❶ 당첨 여부 및 회차를 조건으로 저장된 조합 찾기 가능
❷ 조회된 회차를 선택(삭제에 필요)
❸ 해당 회차에 저장된 상세 조합을 확인
❹ 선택된 회차를 삭제

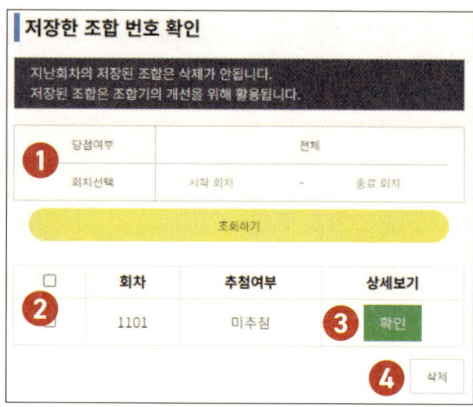

해당 회차에 저장된 번호 조합을 확인 가능하다.

❶ 삭제에 필요한 조합을 선택
❷ 해당 순번에 해당되는 조합의 패턴표를 확인 가능
❸ 선택된 조합을 삭제

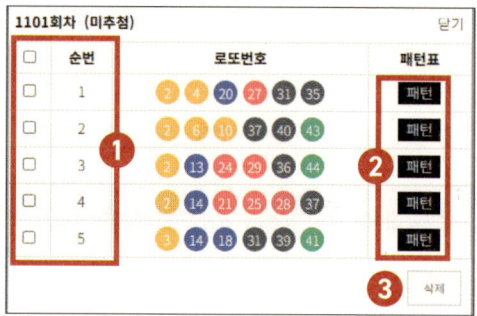

조합에 대한 패턴 확인 화면

나의 로또 조합 만들기 |

6개의 번호를 선택해 기본적인 조합 조건과 패턴 등을 확인할 수 있다.

❶ 6개의 번호를 선택
❷ 초기화 및 저장, 패턴 보기와 조합에 대한 조건 값을 확인할 수 있다.
❸ 결과 보기를 선택 한 경우 기본적인 조건 에 대한 결과 값을 표시해 준다.

조합 번호 결과

구분	권장	선택결과
합계	100 ~ 170	189
AC	7 ~ 10	8
홀짝비율	6:0/0:6 제외	1:5
끝수합	15 ~ 38	19
연번	없음 또는 2연번	없음
이월수	0 ~ 1 개	0
이웃수	0 ~ 3 개	4
소수	0 ~ 3개	1
합성수	0 ~ 3개	5
3배수	0 ~ 3 개	0
5배수	0 ~ 2개	2
쌍수	0 ~ 2개	1

로또9단 1초 조합기

기본적인 필터가 적용된 조합을 생성

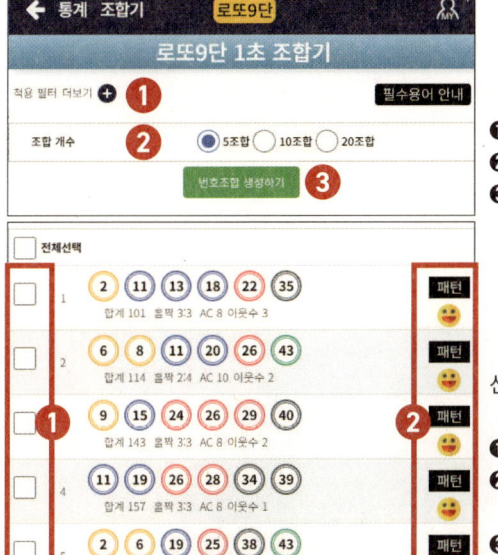

❶ 적용된 필터를 확인
❷ 선택된 개수만큼 조합을 생성
❸ 생성될 조합의 개수를 선택

선택된 조합 개수만큼 조합이 생성된 화면

❶ 저장이 필요한 조합을 선택
❷ 조합에 대한 패턴 및 권장 값에 대한 점검 결과를 표시
❸ 선택된 조합번호를 저장

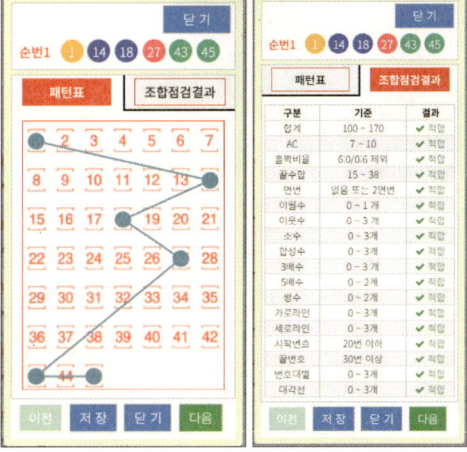

조합에 대한 패턴표 및
조합 점검 결과를 확인할 수 있다.

로또9단 간편 조합기

기본적인 필터와 예상수,
제외수를 선택하여 조합 생성

예상수 및 제외수 설정

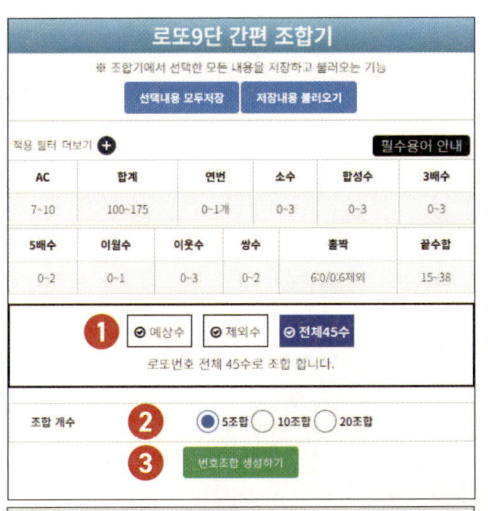

기본적인 고정 필터와 예상수 및 제외수를 설정하여 조합을 생성할 수 있다.

❶ 예상수 선택, 제외수 선택, 전체 45수 선택을 진행하여 조합에 포함시킬 번호를 선택할 수 있다.
❷ 생성될 조합의 개수 선택
❸ 조합 생성

❶ 예상수 및 제외수를 선택 한 화면으로 빨간색은 예상수, 회색은 제외수로 조합에 포함될 번호와 포함하지 않을 번호를 선택
❷ 예상수선택 화면에 있는 '조합에 포함될 예상수 개수 선택'은 생성될 조합에 빨간색으로 표시된 예상수가 몇 수까지 들어가는지 설정하는 것으로 6개를 지정한 경우, 예상수(빨간색)에서만 번호가 조합되고 그 외의 경우는 제외수(회색)를 제외하고 빨간색과 선택되지 않은 번호에서 조합이 진행된다.

9 10 22 36 38 41

포함될 예상수 개수가 6인 경우
선택한 예상수 중 6개가 포함

6 22 25 29 34 39

포함될 예상수 개수가 2~3인 경우
선택한 예상수가 3개만 포함

로또9단 반자동 조합기

고정된 번호와 조합 조건을
이용하여 조합 생성

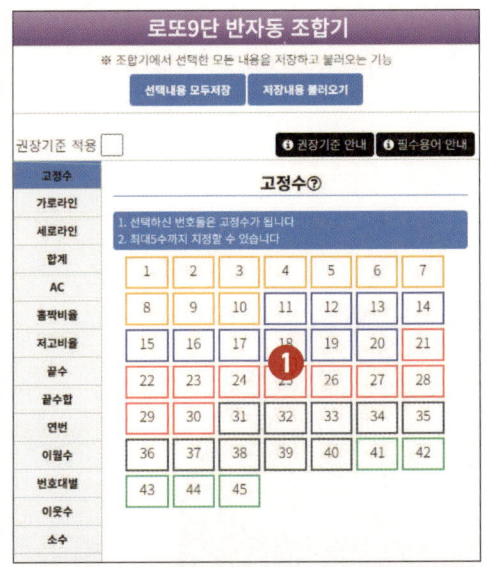

고정될 번호를 한 개에서 다섯 개까지 선택
선택된 번호는 조합에 반드시 포함이 된다.

❶ 고정수가 될 번호를 선택

고정수를 12, 13, 17번을 선택한 경우 조합에
반드시 포함된다.

④ ⑫ ⑬ ⑰ ㉖ ㊷

가로 2라인의 12번과 13번과 3라인의
17번이 포함

로또9단 정밀 조합기

예상수 및 제외수,
조합 조건을 이용하여 생성

예상수 및 제외수 설정 |

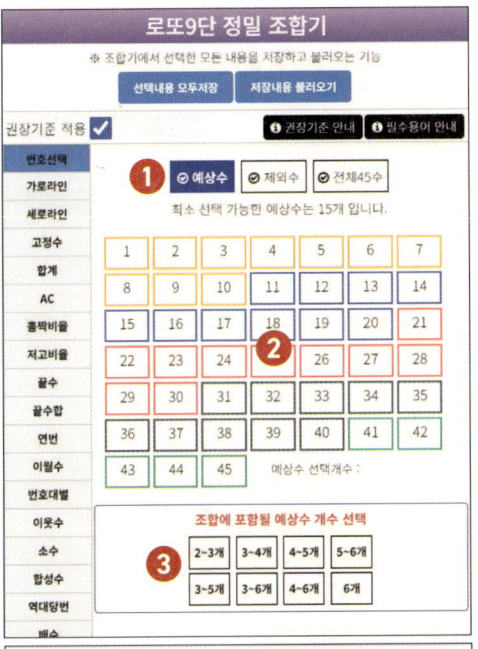

❶ 예상수 선택, 제외수 선택, 전체 45수 선택을 진행하여 조합에 포함시킬 번호를 선택할 수 있다.

❷ 조합에 포함될 예상수 및 제외수를 번호를 선택

❸ 예상수 선택에서 설정 가능하며 조합에 포함될 예상수의 개수를 설정

빨간색은 예상수, 회색은 제외수로 조합에 포함될 번호와 포함하지 않을 번호가 선택됨

'조합에 포함될 예상수 개수 선택'은 생성될 조합에 빨간색으로 표시된 예상수가 몇 수까지 들어가는지 설정하는 것으로 6개를 지정한 경우 예상수(빨간색)에서만 번호가 조합되고, 그 외의 경우는 제외수(회색)를 제외하고 빨간색과 선택되지 않은 번호에서 조합이 진행된다.

4~5개가 선택된 경우 예상수(빨간색)에서 4~5개가 조합에 포함된다.

（３）（７）（12）（16）（33）（34）

제외수는 모두 포함되지 않고 예상수 중 3, 16, 33, 34번의 번호가 포함됨

가로라인 설정

로또용지 가로(행)를 기준하여 1행부터 7행까지 선택하여 해당 행에 속하는 번호가 조합에 포함 되도록 설정

❶ 선택 안 함
❷ 필출을 선택하면 해당 라인의 번호는 조합에 포함

가로 2라인과 가로 4라인이 선택된 경우 8, 9, 10, 11, 12, 13, 14번의 번호 중 한 수 이상과 22, 23, 24, 25, 26, 27, 28번의 번호 중 한 수 이상은 반드시 조합에 포함된다.

2라의 13번과 4라인의 25번이 포함

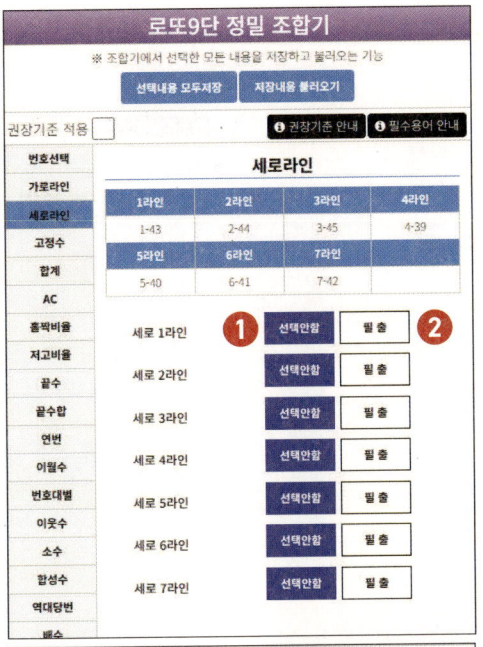

로또용지 세로(행)를 기준하여 1행부터 7행까지 선택하여 해당 행에 속하는 번호가 조합에 포함 되도록 설정

❶ 선택 안 함
❷ 필출을 선택하면 해당 라인의 번호는 조합에 포함

세로 3라인과 세로 5라인이 선택된 경우 3, 10, 17, 24, 31, 38, 45번의 번호 중 한 수 이상과 5, 12, 19, 26, 33, 40번의 번호 중 한 수 이상은 반드시 조합에 포함된다.

3라의 38번과 5라인의 19번이 포함

고정수 설정

고정수 설정은 조합에 해당 번호가 반드시 포함되게 하는 설정이다.

❶ 고정수를 적용
❷ 고정수를 적용하지 않음
❸ 번호 선택(최대 5개)

고정수 적용 후 6, 13, 37번을 선택한 경우 조합에는 반드시 선택한 번호가 포함된다.

고정수로 선택한 6, 13, 37번 포함

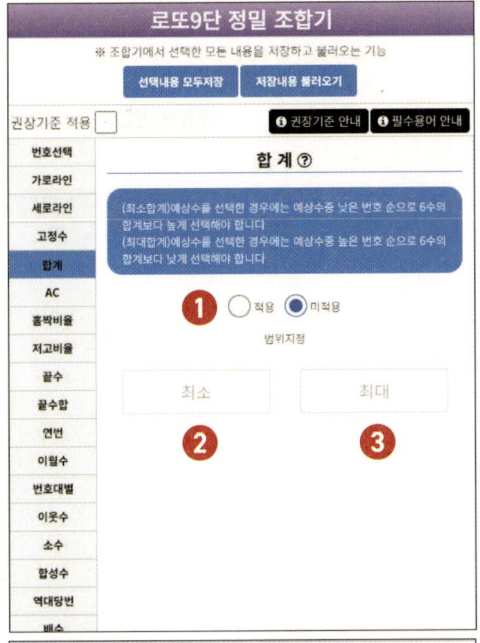

여섯 개 번호 조합의 총합을 설정
조합번호가 1, 10, 11, 23, 33, 40번인 경우
합계는 118이다.

❶ 합계의 적용 여부를 선택
❷ 최소값 입력
❸ 최대값 입력

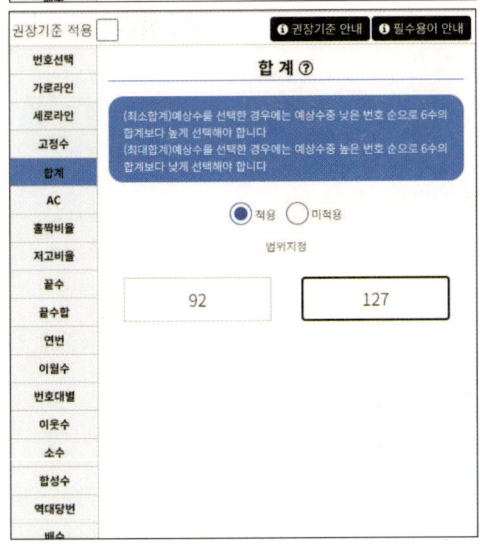

합계는 통계적으로 100~175 범위를 권장 합
계가 80 미만 또는 195 이상이 당첨번호로 나
온 확률은 7%로 미만으로 권장하지 않지만
최근 5주 10주 등의 합계 통계를 바탕으로 본
인 만의 기준을 세워 조합을 진행할 수 있다.

AC 설정

여섯 개 번호 조합을 산술적으로 계산 후 그룹을 표시한 것이며 0~10으로 분류된다. 조합기에서는 3~10까지 설정이 가능하다.

❶ AC의 적용 여부를 선택
❷ 최소값 입력
❸ 최대값 입력

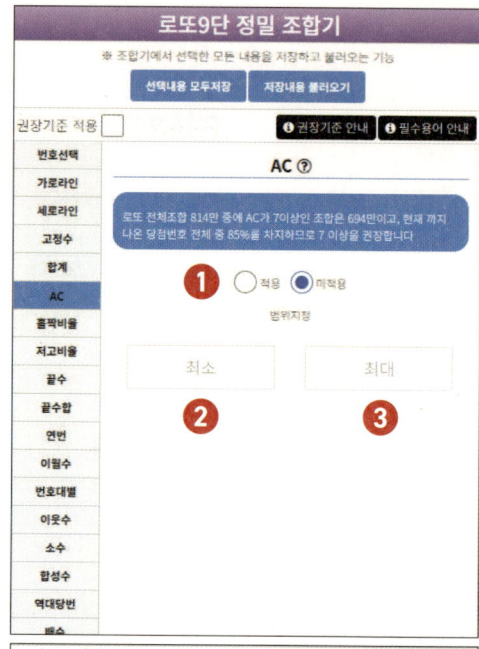

로또 전체 조합 814만 중에 AC가 7 이상인 조합은 694만이고, 현재까지 나온 당첨번호 전체 중 85%를 차지하므로 7에서 10을 권장한다.

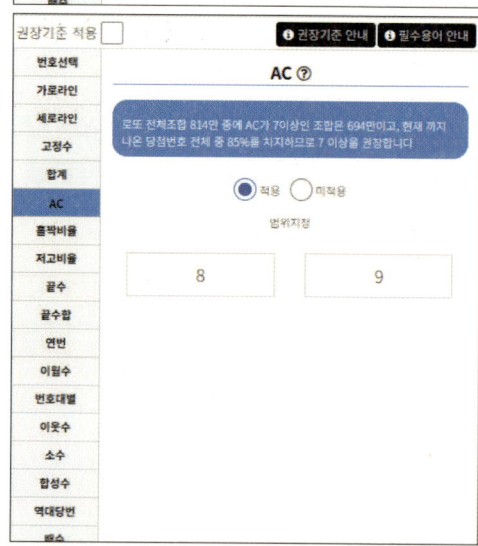

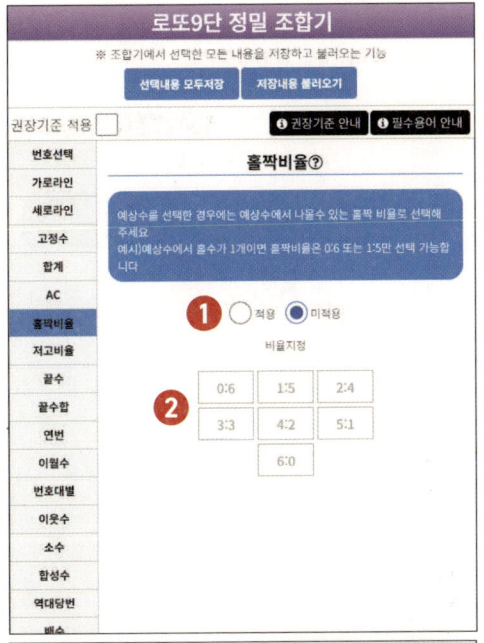

여섯 개 번호 조합의 홀짝비율을 설정
조합번호가 1, 6, 19, 24, 39, 45번인 경우 홀짝
비율은 4:2이다.

❶ 적용 여부 선택
❷ 0:6부터 6:0까지 선택

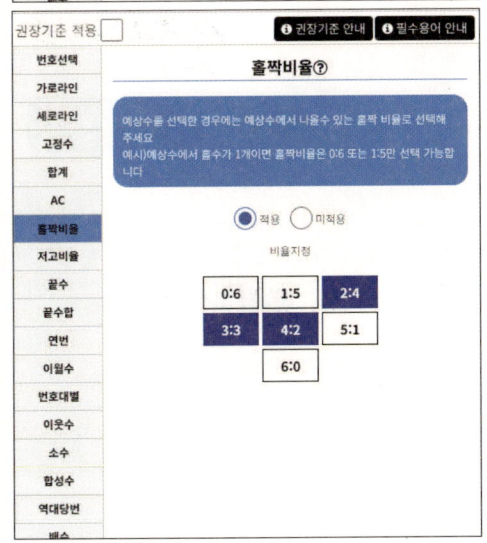

홀짝비율 0:6과 6:0은 현재까지 나온 당첨번
호 중 3% 정도이고 2:4, 3:3, 4:2는 82% 정도이
다. 0:6과 6:0을 제외한 비율이나 2:4, 3:3, 4:2
를 선택한다.

저고비율 설정

로또 번호 45개의 중심 번호인 23을 기준으로 23 미만을 '저', 23 이상을 '고'라고 하고 여섯 개 번호 조합의 '저고비율'을 설정

❶ 적용 여부 선택
❷ 0:6부터 6:0까지 선택

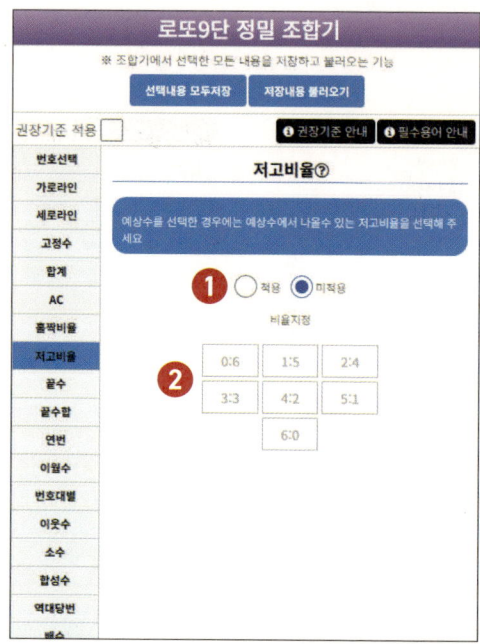

저고비율 2:4, 3:3, 4:2는 당첨번호의 80% 정도이다. 0:6과 6:0을 제외한 비율이나 2:4, 3:3, 4:2를 선택한다.

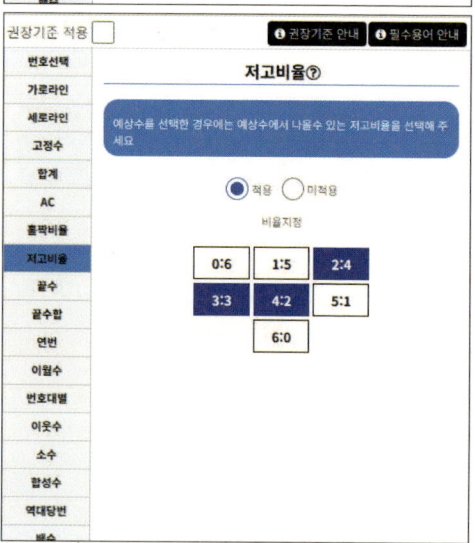

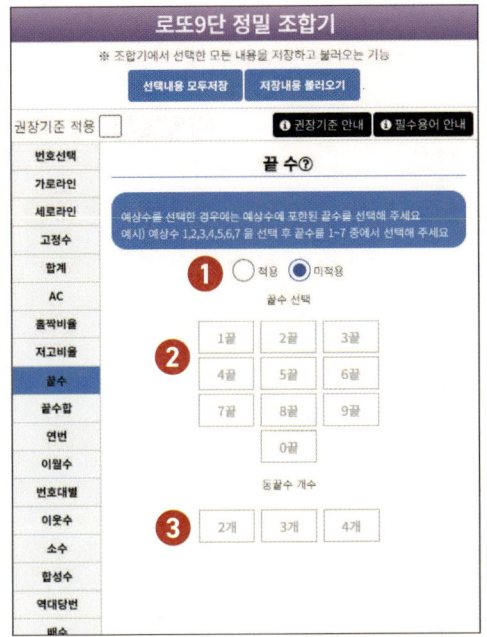

여섯 개 번호 조합의 끝수와 동끝수를 설정

❶ 적용 여부 선택
❷ 0:6부터 6:0까지 선택

숫자의 끝수(오른쪽 첫 번째 자리)를 의미하며 0~9까지의 끝수가 있다.

예) 1번은 1끝, 21번은 1끝, 24번은 4끝.
조합번호 6개 중 끝수가 같은 번호들을 동끝수라고 한다.

예) 1, 11, 23, 34, 40, 42번 조합의 경우 1끝수가 동끝수가 된다.

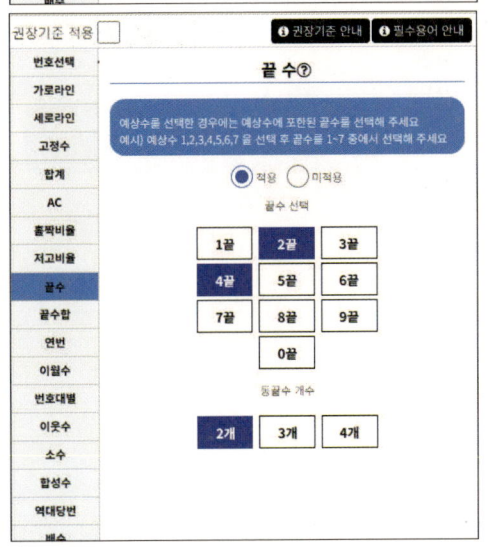

2끝과 4끝이 선택되고 동끝수 2개를 설정한 경우 2끝 또는 4끝이 조합에 포함되고 포함된 끝수는 반드시 2개의 동끝수가 된다.

2끝과 4끝 중 2끝이 동끝수 2개로 포함

끝수합 설정

여섯 개 번호 조합의 끝수합을 설정

❶ 끝수합의 적용 여부를 선택
❷ 최소값 입력
❸ 최대값 입력

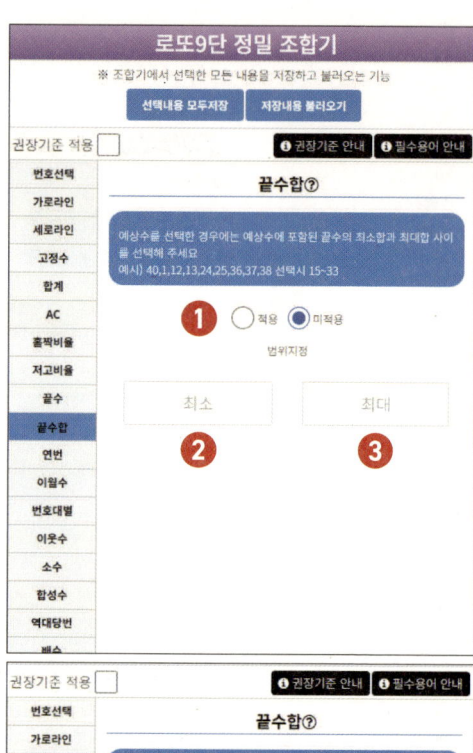

너무 낮거나 너무 높은 끝수의 합은 당첨번호
출현 확률이 낮으므로 15에서 38을 권장한다.
조합번호가 8, 15, 26, 37, 38, 40번인 경우 끝
수합은 34이다.

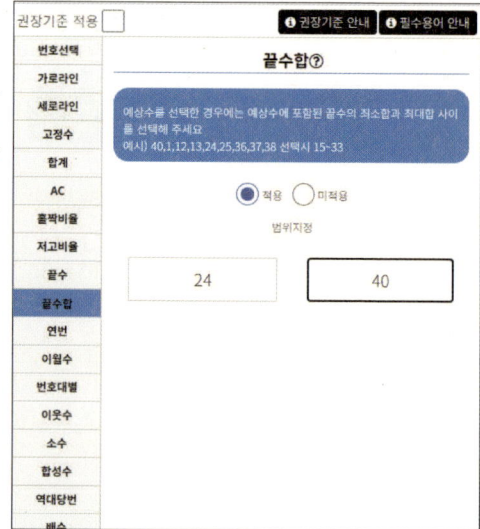

연 번 설정 |

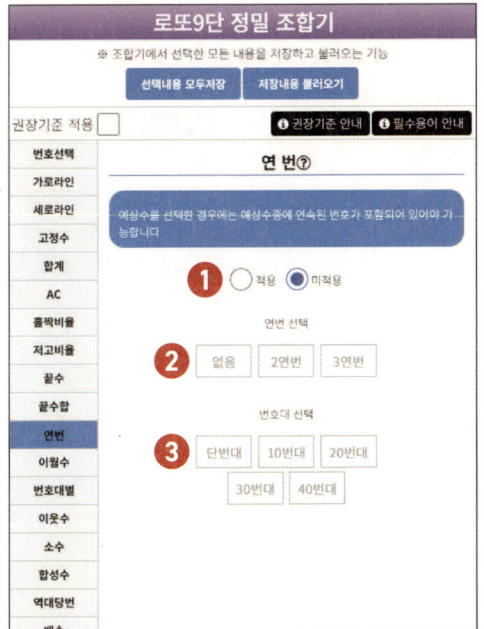

여섯 개 번호 조합 중 연 번을 설정

연 번은 연속되는 번호로 출현하는 것을 의미한다.

예) 1, 2, 12, 15, 33, 40번인 경우 1, 2가 연번

❶ 적용 여부 선택
❷ 연번 유형을 선택
❸ 번호대 선택

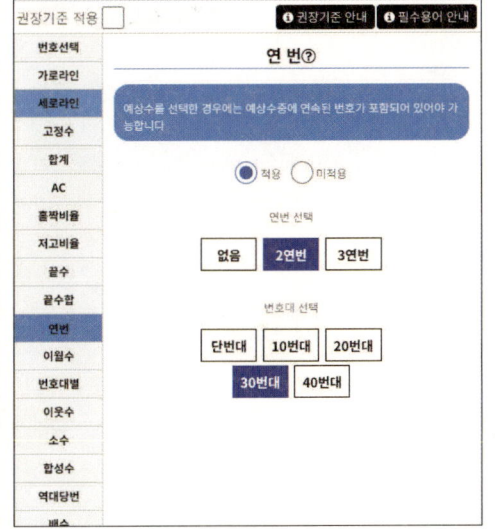

2연번 선택 후 번호대를 30번대로 선택했다면 31, 32, 33, 34, 35, 36, 37, 38, 39, 40번의 번호 중 연속되는 번호가 조합에 포함된다.

30번대 번호 중 34, 35번이 포함

이월수 설정

조합번호에 이전 회차의 당첨번호가 포함되도록 설정

❶ 이전 회차 당첨번호 6개를 조합에 포함하도록 적용
❷ 조합에 최대 몇 개까지 포함할지 선택

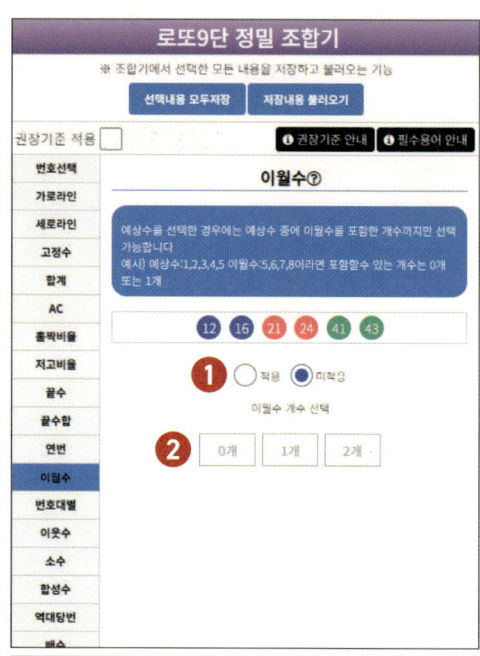

이월수 적용 후 2개를 선택 한 경우 조합 결과에 이전 회차의 당첨번호가 포함된다.

예) 1100회 기준 1099회의 당첨번호 6개 중 2개가 포함된다.

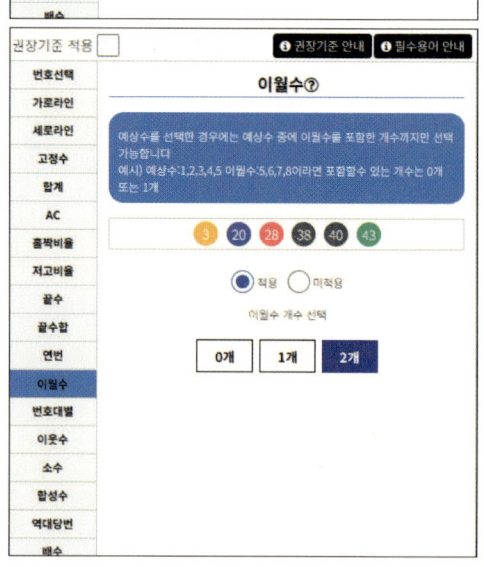

이월수인 3, 20, 28, 38, 40, 43번 중 3번과 28번이 포함

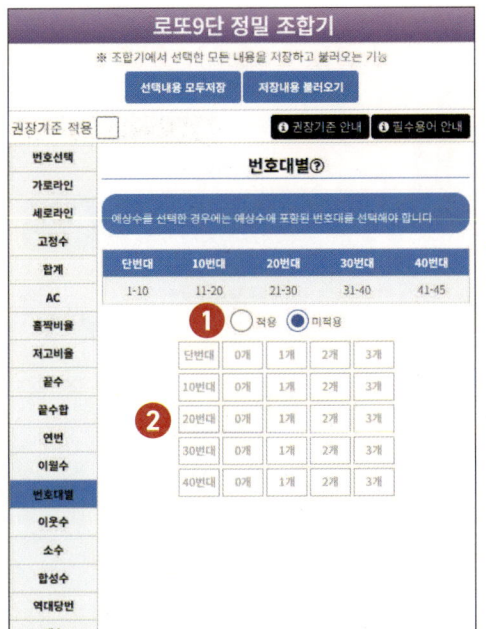

번호대별로 조합 6수에 들어갈 개수를 설정

❶ 번호대별 적용
❷ 필요한 번호대를 선택 및 해당 번호대에
  몇 개를 조합에 넣을지 설정

• 단번대 : 1 - 10
• 10번대 : 11 - 20
• 20번대 : 21 - 30
• 30번대 : 31 - 40
• 40번대 : 41 - 45

번호대별 설정 후 단번대 1개, 10번대 0개, 20번대 2개, 40번대 1개 선택을 한 경우 10번대 번호는 조합에서 제외되고 단번대와 40번대는 1개씩 포함되고 20번대는 2개가 고정으로 포함된다. 선택된 번호의 개수가 최소 4이기 때문에 30번대는 2개가 포함되게 된다.

(8) (21) (23) (31) (39) (43)

단번대 1개, 20번대 2개, 30번대 2개, 40번대 1개

이웃수 설정

이전 회차 당첨번호의 각 숫자들을 기준으로 앞 번호와 뒤 번호를 '이웃수'라고 하고 조합에 몇 수가 들어갈지 설정

❶ 이웃수 적용
❷ 이웃수를 몇 개 넣을 것인지 설정

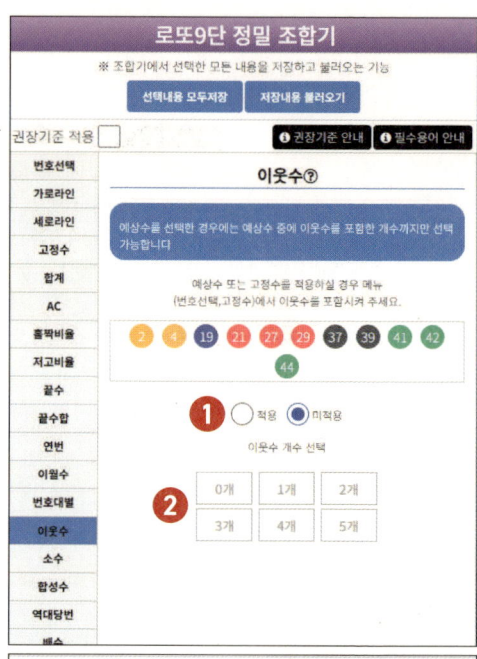

일반적으로 당첨번호에는 이웃수가 0~3개가 평균적으로 출현하므로 권장은 0~3개를 선택

0개 선택을 취소하면 이웃수는 1~3개가 포함된다.

1100회 기준 이웃수 2개 포함

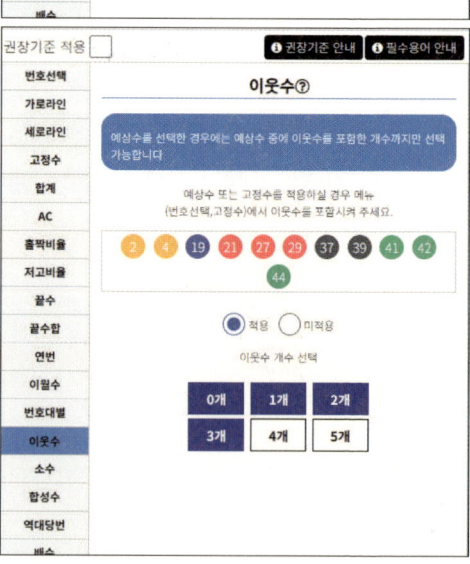

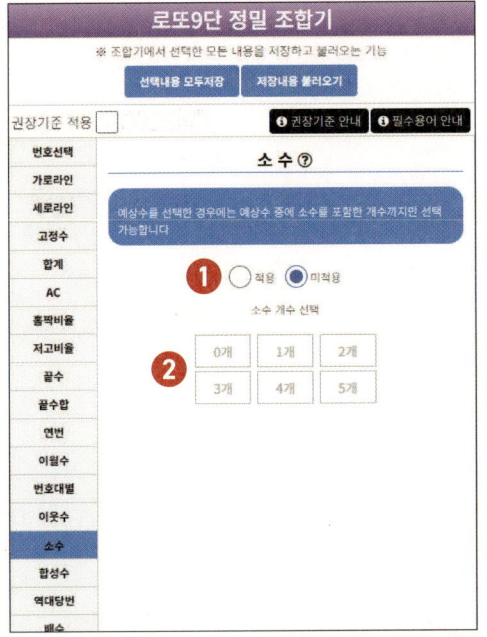

소수는 1을 제외한 1과 해당 수로만 나누어지는 수를 의미하고 해당 수가 몇수까지 조합에 들어갈 것인지 설정

소수 : 2, 3, 5, 7, 11, 13, 17, 19, 23, 29, 31, 37, 41, 43

❶ 조합에 소수가 포함되도록 설정
❷ 들어갈 개수를 선택

소수를 설정하고 1개, 2개를 선택한 경우 조합에 소수는 반드시 1개 또는 2개가 포함된다.(1개, 2개, 3개 선택 시 조합에는 1개 또는 2개 또는 3개가 포함된 조합이 생성)

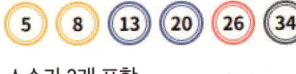

소수가 2개 포함

합성수 설정

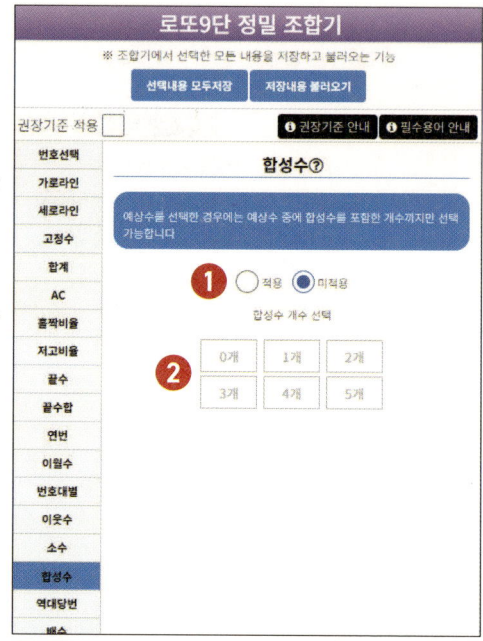

합성수는 소수 14개와 3배수 15개를 제외한 번호를 의미한다.
(사전적 의미는 소수가 아닌 수를 의미)

합성수 : 1, 4, 8, 10, 14, 16, 20, 22, 25, 26, 28, 32, 34, 35, 38, 40, 44

❶ 조합에 합성수가 포함되도록 설정
❷ 들어갈 개수를 선택

합성수를 설정하고 3개를 선택한 경우 조합에 합성수 3개가 포함된다.

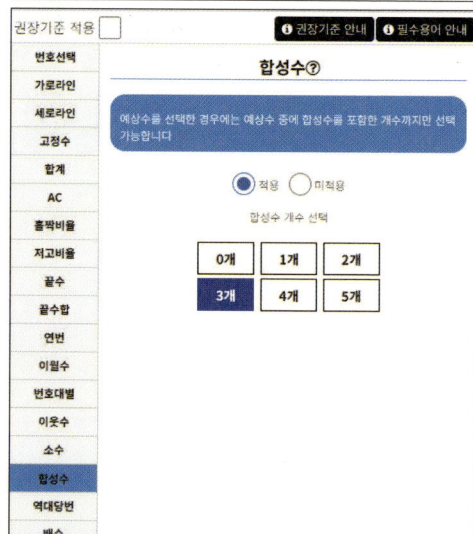

합성수가 3개 포함

94

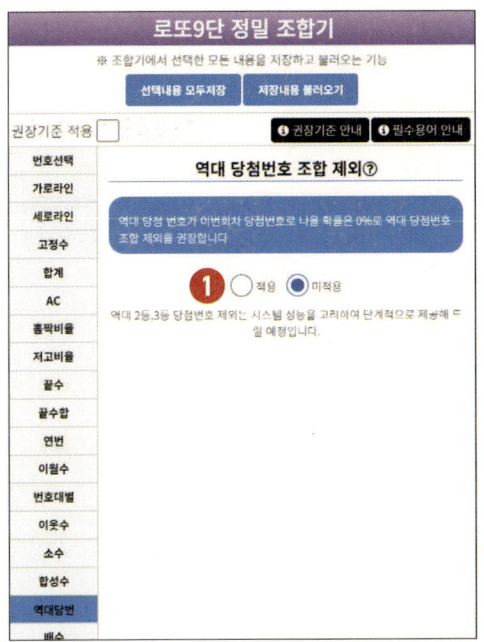

1회차부터 현재 회차까지의 당첨번호를 제외
시키는 설정

❶ 조합에 당첨번호 제외 여부를 설정

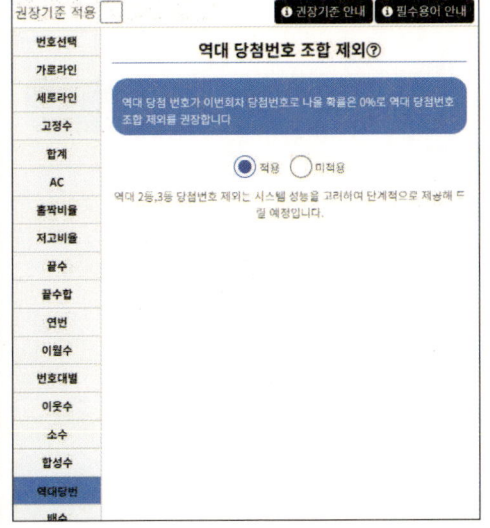

로또의 조합은 814만 분의 1이라서 이전 당첨
번호가 나올 확률이 낮으니 설정을 통해 나오
지 않게 하는 것이 낫다.

배수 설정

로또 45개 번호 중 3의 배수와 5의 배수를 조합에 포함 시킬지 여부를 설정

❶ 배수 숫자를 포함할지 여부 설정
❷ 3배수 설정
❸ 3배수가 포함될 개수 선택
❹ 5배수 설정
❺ 5배수가 포함될 개수 선택

로또9단 정밀 조합기

※ 조합기에서 선택한 모든 내용을 저장하고 불러오는 기능

선택내용 모두저장   저장내용 불러오기

권장기준 적용 ☐   ❶ 권장기준 안내   ❶ 필수용어 안내

번호선택	**배 수⑦**
가로라인	
세로라인	예상수를 선택한 경우에는 예상수 중에 3배수,
고정수	5배수를 포함한 개수까지만 선택 가능합니다
합계	
AC	❶ ○ 적용 ● 미적용
홀짝비율	배수 선택 : 3배수 ❷
저고비율	❸ 0개 1개 2개
끝수	3개 4개 5개
끝수합	
연번	배수 선택 : 5배수 ❹
이월수	
번호대별	❺ 0개 1개 2개
이웃수	3개 4개 5개
소수	
합성수	
역대당번	

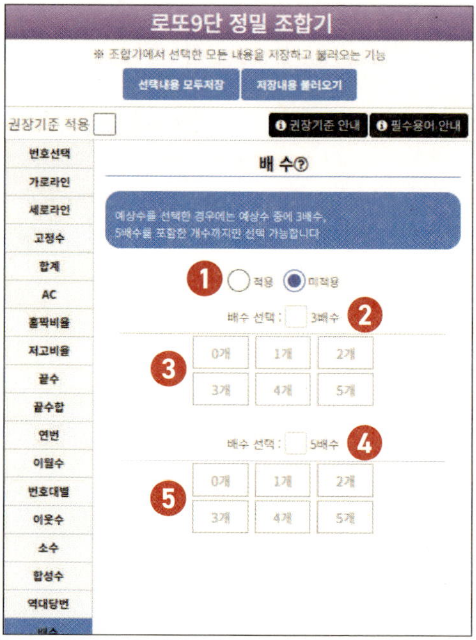

배수 설정을 하고 3배수에 3개, 5배수에 1개를 선택 한 경우 조합에는 반드시 3배수 3개와 5배수 1개가 포함된다.

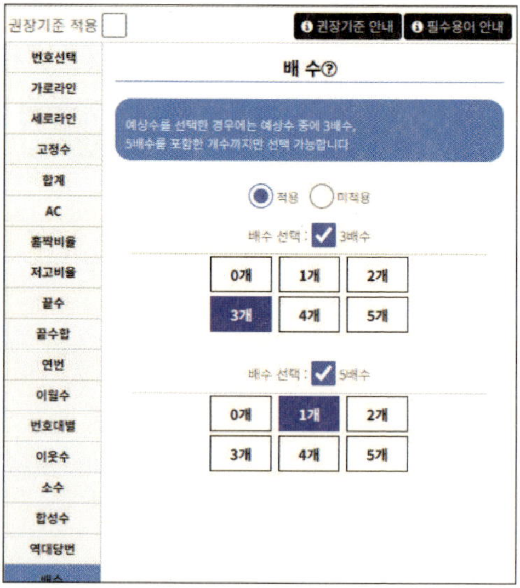

권장기준 적용 ☐   ❶ 권장기준 안내   ❶ 필수용어 안내

번호선택	**배 수⑦**
가로라인	
세로라인	예상수를 선택한 경우에는 예상수 중에 3배수,
고정수	5배수를 포함한 개수까지만 선택 가능합니다
합계	
AC	● 적용 ○ 미적용
홀짝비율	배수 선택 : ✔ 3배수
저고비율	0개 1개 2개
끝수	**3개** 4개 5개
끝수합	
연번	배수 선택 : ✔ 5배수
이월수	
번호대별	0개 **1개** 2개
이웃수	3개 4개 5개
소수	
합성수	
역대당번	

3배수 3, 18, 30번과 5배수 30번이 포함

96

쌍수 & 광땡수 설정 |

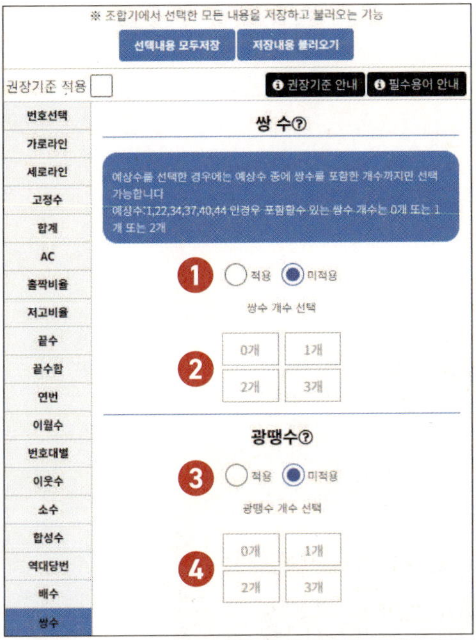

선택내용 모두저장　　**저장내용 불러오기**

권장기준 적용 ☐　　　　　　❶ 권장기준 안내　❶ 필수용어 안내

| 번호선택 |
| 가로라인 |
| 세로라인 |
| 고정수 |
| 합계 |
| AC |
| 홀짝비율 |
| 저고비율 |
| 끝수 |
| 끝수합 |
| 연번 |
| 이월수 |
| 번호대별 |
| 이웃수 |
| 소수 |
| 합성수 |
| 역대당번 |
| 배수 |
| 쌍수 |

쌍 수 ⑦

예상수를 선택한 경우에는 예상수 중에 쌍수를 포함한 개수까지만 선택 가능합니다
예상수:1,22,34,37,40,44 인경우 포함할수 있는 쌍수 개수는 0개 또는 1개 또는 2개

① ◯ 적용　◉ 미적용

쌍수 개수 선택

②
| 0개 | 1개 |
| 2개 | 3개 |

광땡수 ⑦

③ ◯ 적용　◉ 미적용

광땡수 개수 선택

④
| 0개 | 1개 |
| 2개 | 3개 |

쌍수는 번호의 앞뒤가 같은 숫자를 의미하고 해당 번호를 조합에 넣을지 설정

❶ 쌍수를 포함할지 여부 설정
❷ 쌍수가 포함될 개수 선택
❸ 광땡수를 포함할지 여부 설정
❹ 광땡수가 포함될 개수 선택

쌍수 : 11, 22, 33, 44
광땡수 : 13, 18, 31, 38

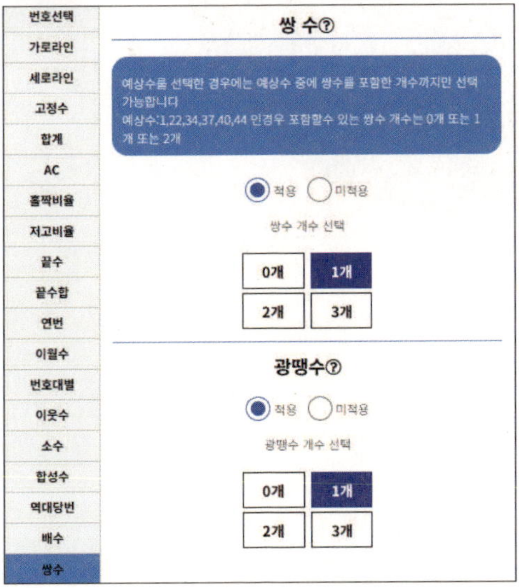

| 번호선택 |
| 가로라인 |
| 세로라인 |
| 고정수 |
| 합계 |
| AC |
| 홀짝비율 |
| 저고비율 |
| 끝수 |
| 끝수합 |
| 연번 |
| 이월수 |
| 번호대별 |
| 이웃수 |
| 소수 |
| 합성수 |
| 역대당번 |
| 배수 |
| 쌍수 |

쌍 수 ⑦

예상수를 선택한 경우에는 예상수 중에 쌍수를 포함한 개수까지만 선택 가능합니다
예상수:1,22,34,37,40,44 인경우 포함할수 있는 쌍수 개수는 0개 또는 1개 또는 2개

◉ 적용　◯ 미적용

쌍수 개수 선택

| 0개 | **1개** |
| 2개 | 3개 |

광땡수 ⑦

◉ 적용　◯ 미적용

광땡수 개수 선택

| 0개 | **1개** |
| 2개 | 3개 |

쌍수와 광땡수를 조합에 적용을 선택하고 쌍수 1개, 광땡수 1개를 설정하면 조합에는 반드시 쌍수 중 1개와 광땡수 중 1개가 포함된다.

④ ⑪ ⑬ ㉗ ㉙ ㊱

쌍수 11번과 광땡수 13번이 포함

로또9단 9단 조합기(멤버십)

조합 조건 외 주요 패턴 및 미출기간표,
출현그룹표 조건을 이용하여
조합 생성

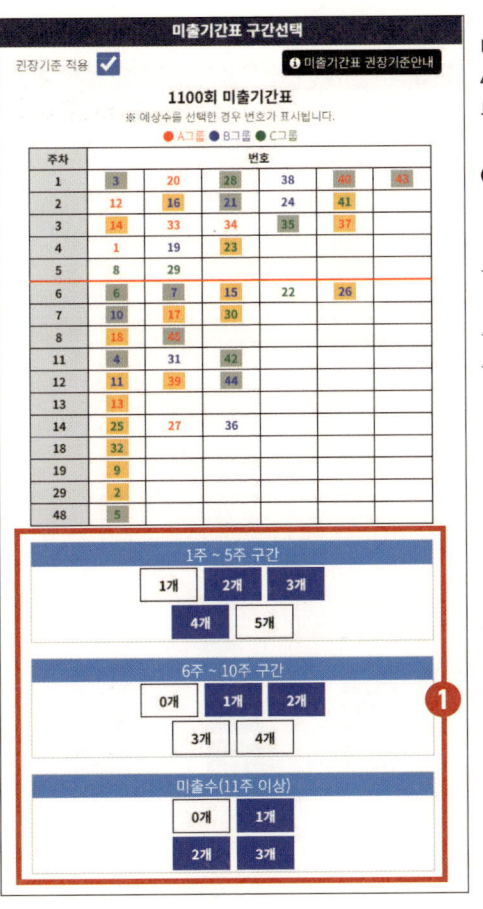

미출기간표 구간선택

권장기준 적용 ✔   ⓘ 미출기간표 권장기준안내

1100회 미출기간표
※ 예상수를 선택한 경우 번호가 표시됩니다.
● A그룹 ● B그룹 ● C그룹

주차	번호					
1	3	20	28	38	40	43
2	12	16	21	24	41	
3	14	33	34	35	37	
4	1	19	23			
5	8	29				
6	6	7	15	22	26	
7	10	17	30			
8	18	45				
11	4	31	42			
12	11	39	44			
13	13					
14	25	27	36			
18	32					
19	9					
29	2					
48	5					

1주 ~ 5주 구간
[1개] [2개] [3개]
[4개] [5개]

6주 ~ 10주 구간
[0개] [1개] [2개]
[3개] [4개]

미출수(11주 이상)
[0개] [1개]
[2개] [3개]

미출기간표는 로또9단의 주요 분석표로 로또 45개 번호를 회차별 당첨번호에 맞게 1주 차부터 장기 미출 주간까지 표시된다.

❶ 3가지 주요 구간에 번호가 몇 개 포함될지 설정 가능하다.

— 예상수 및 제외수를 선택하면 해당 번호가 어떤 구간에 있는지 표시된다.
— 예상수는 노란색
— 제외수는 회색

1~5주 구간에 2개, 3개, 4개
6~10주 구간에 1개, 2개
미출수(11주 이상) 구간에 1개, 2개, 3개가 선택된 경우 조합 구성은 아래와 같다.

5주 내 2개, 6~10주 1개, 11주 이상 3개
5주 내 2개, 6~10주 2개, 11주 이상 2개
5주 내 3개, 6~10주 1개, 11주 이상 2개
5주 내 3개, 6~10주 2개, 11주 이상 1개
5주 내 4개, 6~10주 1개, 11주 이상 1개

출현그룹표 그룹별 개수 설정

출현그룹표는 역대 당첨번호 출현 횟수를 기준으로 45개 번호를 3개 그룹으로 만든 표이다. A그룹 34번이 가장 많이 출현한 번호이고 C그룹 9번이 가장 적게 출현한 번호이다.

❶ 3가지 그룹에 번호가 몇 개 포함될지 설정 가능하다.

— 예상수 및 제외수를 선택하면 해당 번호가 어떤 구간에 있는지 표시된다.
— 예상수는 노란색
— 제외수는 회색

각 그룹별 1개, 2개, 3개를 선택된 경우 조합 구성은 아래와 같다.

A그룹 1개, B그룹 2개, C그룹 3개
A그룹 1개, B그룹 3개, C그룹 2개
A그룹 2개, B그룹 1개, C그룹 3개
A그룹 2개, B그룹 2개, C그룹 2개
A그룹 3개, B그룹 1개, C그룹 2개
A그룹 3개, B그룹 2개, C그룹 1개

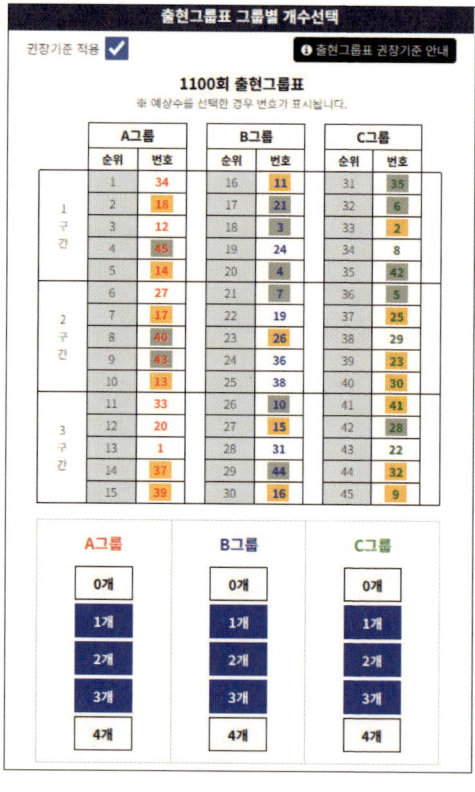

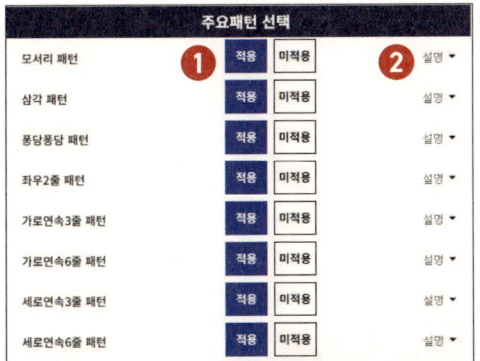

주요패턴 선택

모서리 패턴	적용 미적용	설명 ▼
삼각 패턴	적용 미적용	설명 ▼
퐁당퐁당 패턴	적용 미적용	설명 ▼
좌우2줄 패턴	적용 미적용	설명 ▼
가로연속3줄 패턴	적용 미적용	설명 ▼
가로연속6줄 패턴	적용 미적용	설명 ▼
세로연속3줄 패턴	적용 미적용	설명 ▼
세로연속6줄 패턴	적용 미적용	설명 ▼

9단 조합기에는 주요 패턴 선택이 가능하고 적용을 하게 되면 해당 패턴으로만 조합된 번호는 조합 결과에서 제외 되게 된다.

해당 조합으로만 구성된 조합의 당첨률은 낮기 때문에 적용을 선택하는 것이 권장된다.

❶ 적용 미적용 선택
❷ 해당 패턴에 대한 설명 확인

주요패턴 선택

| 모서리 패턴 | 적용 미적용 | 설명 ▼ |

모서리 패턴 확장형

1	2	3	4	5	6	7
8	9	10	11	12	13	14
15	16	17	18	19	20	21
22	23	24	25	26	27	28
29	30	31	32	33	34	35
36	37	38	39	40	41	42
43	44	45				

설 명
모서리 패턴은 위 그림과 같이 빨간 테두리를 기준으로 한다.

적용기준
모서리 패턴에서 1~4개 포함.

확 률
동행복권 100회(837~936회)동안 모서리 패턴의 번호가 나온 확률은 96%이고 패턴의 번호에서만 6개 모두 출현한 적은 0%이다.

조합수
230,230조합

설명 접기

| 삼각 패턴 | 적용 미적용 | 설명 ▼ |
| 퐁당퐁당 패턴 | 적용 미적용 | 설명 ▼ |

패턴 설명을 선택 한 경우 패턴의 모양과 확률 등을 확인할 수 있다.

로또9단 1등 조합기(열현팬)

조합 조건 외 주요 패턴 및
세부적인 미출기간표,
출현그룹표 조건을
이용하여 조합 생성

미출기간표 구간 선택 설정

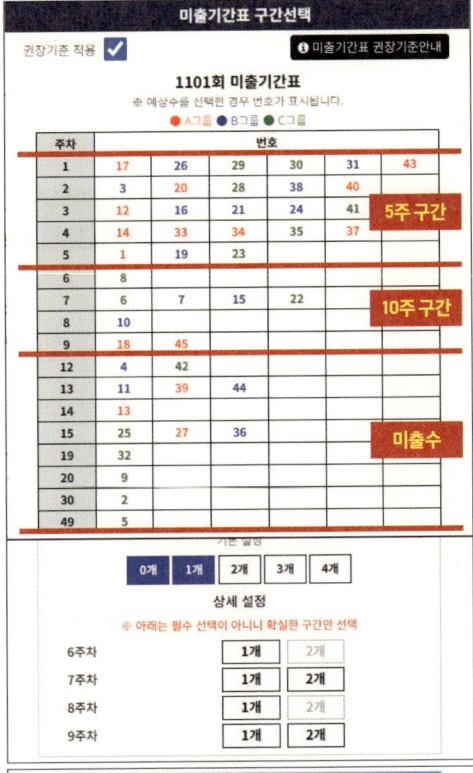

미출기간표는 로또9단의 주요 분석표로 로또 45개 번호를 회차별 당첨번호에 맞게 1주 차 부터 장기 미출 주간까지 표시된다.

❶ 3가지 주요 구간에 번호가 몇 개 포함될지 설정 가능하다.

❷ 1주 차 별로 조합에 포함될 개수를 설정 가 능하다.

— 예상수 및 제외수를 선택하면 해당 번호가 어떤 구간에 있는지 표시된다.
— 예상수는 노란색
— 제외수는 회색

1~5주 구간에 3개, 4개, 5개
6~10주 구간에 0개, 1개
미출수(11주 이상) 구간에 1개, 2개, 3개가 선택된 경우 조합 구성은 아래와 같다.

5주 내 3개, 6~10주 0개, 11주 이상 3개
5주 내 3개, 6~10주 1개, 11주 이상 2개
5주 내 4개, 6~10주 0개, 11주 이상 2개
5주 내 4개, 6~10주 1개, 11주 이상 1개
5주 내 5개, 6~10주 0개, 11주 이상 1개

주별 선택에서 1주차를 2개 선택했다면 1주 차 번호인 17, 26, 29, 30, 31, 43번 중 2수가 조 합에 포함되고 나머지 1수가 5주 내의 번호에 서 포함된다.

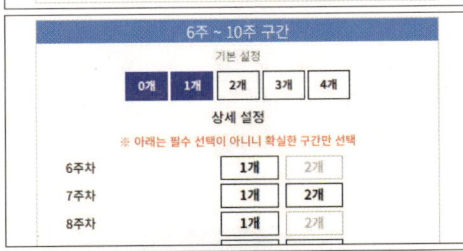

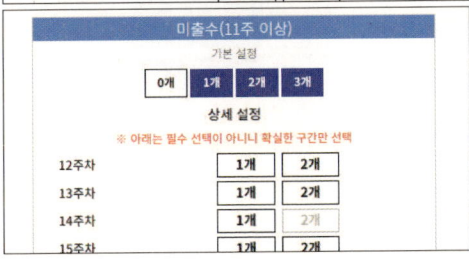

출현그룹표 그룹별 개수 설정

출현그룹표는 역대 당첨번호 출현 횟수를 기준으로 45개 번호를 3개 그룹으로 만든 표이다. A그룹 34번이 가장 많이 출현한 번호이고 C그룹 9번이 가장 적게 출현한 번호이다.

❶ 3가지 그룹(세로)에 번호가 몇 개 포함될지 설정 가능하다.
❷ 3가지 구간(가로)에 번호가 몇 개 포함될지 설정 가능하다.

— 예상수 및 제외수를 선택하면 해당 번호가 어떤 구간에 있는지 표시된다.
— 예상수는 노란색
— 제외수는 회색

각 그룹별 1개, 2개, 3개를 선택된 경우 조합 구성은 아래와 같다.

A그룹 1개, B그룹 2개, C그룹 3개
A그룹 1개, B그룹 3개, C그룹 2개
A그룹 2개, B그룹 1개, C그룹 3개
A그룹 2개, B그룹 2개, C그룹 2개
A그룹 3개, B그룹 1개, C그룹 2개
A그룹 3개, B그룹 2개, C그룹 1개

만약 1구간에 1개, 2개, 3개를 선택했다면 선택 그룹과 겹치는 부분의 구간에서 번호가 포함된다.

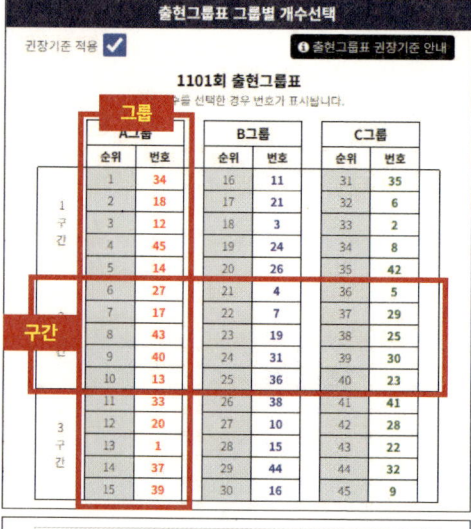

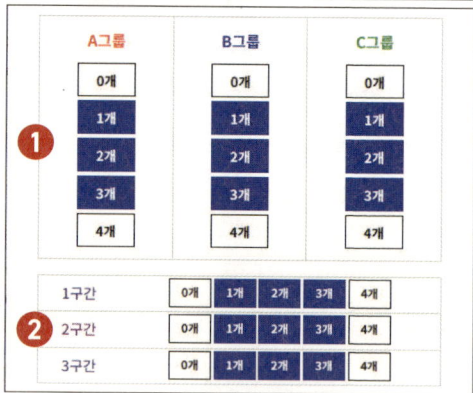

1등 당첨번호 패턴 적용

❶ 패턴 설명

※ 책 106페이지 ~ 122페... ...지의 1등 패턴... ❶ ❷

패턴	적용	미적용	패턴	적용	미적용
패턴-1	적용	미적용	패턴-2	적용	미적용
패턴-3	적용	미적용	패턴-4	적용	미적용
패턴-5	적용	미적용	패턴-6	적용	미적용
패턴-7	적용	미적용	패턴-8	적용	미적용
패턴-9	적용	미적용	패턴-10	적용	미적용
패턴-11	적용	미적용	패턴-12	적용	미적용
패턴-13	적용	미적용	패턴-14	적용	미적용
패턴-15	적용	미적용	패턴-16	적용	미적용
패턴-17	적용	미적용	패턴-18	적용	미적용
패턴-19	적용	미적용	패턴-20	적용	미적용
패턴-21	적용	미적용	패턴-22	적용	미적용
패턴-23	적용	미적용	패턴-24	적용	미적용
패턴-25	적용	미적용	패턴-26	적용	미적용
패턴-27	적용	미적용	패턴-28	적용	미적용
패턴-29	적용	미적용	패턴-30	적용	미적용

1등 조합기에는 당첨번호 패턴 적용 선택이 가능하고 적용을 하게 되면 해당 패턴으로만 조합된 번호는 조합 결과에서 제외 되게 된다.

❶ 적용 미적용 선택
❷ 해당 패턴에 대한 설명 확인

1등 당첨번호 패턴 설명
닫기

회색으로 표시된 번호로 6개 조합시 당첨번호로 나오지 않을 확률은 98%이상이며, 해당 패턴은 실제 로또9단의 조합기법에도 적용되어 있는 부분으로 조합시 해당 패턴을 적용하여 조합하는 것을 권장

7	1	2	3	4	5	6	7	1
14	8	9	10	11	12	13	14	8
21	15	16	17	18	19	20	21	15
28	22	23	24	25	26	27	28	22
35	29	30	31	32	33	34	35	29
42	36	37	38	39	40	41	42	36
	43	44	45					43

좌우로 넘겨서 패턴30개를 확인하세요

패턴 설명을 선택한 경우 '패턴-1'에서 '패턴-30'까지 확인이 가능하며 좌우 드래그(화면을 누르고 좌우로 이동)로 상세 모양 확인이 가능하다.

PART **4**

로또9단
분석방송 활용하기

지금까지 조합기 사용법에 대해 알아보았다. 이제는 '로또 9단 분석방송'을 활용한 조합기 활용법을 배우도록 하겠다.

만약, 로또9단의 공개 분석방송을 본 적이 없거나 아직 이해가 덜 되는 독자들께서는 분석방송을 꼭 숙지하시고 네이버 공식 카페인 '로또9단'에서도 공부하시길 추천드린다. 로또9단의 분석 영상은 유튜브 '로또9단'과 '9단TV' 채널에 매주 업로드되고 있다.

앞에서 말했듯이 '1차 조합기법'은 조합기에 적용되어 있는 체크리스트 권장사항을 적용하여 45개 로또번호에서 제외수를 제외한 예상수로 조합하는 방식이고, '2차 조합기법'은 매 회차 분석을 통해 출현 특징을 적용하여 조합하는 방식이다.

매 회차 분석방송의 내용을 기본으로 조합을 계속하면서 익숙해지다 보면 어느덧 '2차 조합기법'을 적용한 조합을 하게 될 것이다.

처음에는 분석방송도 보기가 어렵고, 조합기를 사용하는 것도 어렵겠지만, 시간이 걸리더라도 꾸준하게 하다 보면 조금씩 좋아질 것이다.

로또9단의 유튜브 공개 분석방송은 총 다섯 개로 구분된다. 특별 라이브 및 깜짝 라이브 등의 추가적인 분석방송도 하고 있지만 정기적으로 업로드되는 분석 영상 다섯 편을 먼저 활용하도록 하겠다.

서론에서도 말했지만 로또9단의 첫 번째 책인『로또9단 1등 분석기법』을 읽고 공부하신 독자분들을 대상으로 하기에 그 책에 실려있는 용어 등과 같은 내용은 생략하도록 하겠다.

분석 1편 : 출현그룹표 통계의 흐름 분석
분석 2편 : 로또9단의 기본 제외 기법인 표준제외기법
분석 3편 : 미출기간표 흐름 및 주요 통계의 출현 특징
분석 4편 : 필출반창고패턴(패턴표의 출현 특징)
분석 5편 : 끝수 분석

출현그룹표 활용

분석방송 1편의 1등 당첨자를 배출했던 1094회 기준으로 출현그룹표의 활용법을 알아보겠다.

	1094회 출현그룹표(10주간 흐름)								
	A그룹			B그룹			C그룹		
	순위	번호	미출기간	순위	번호	미출기간	순위	번호	미출기간
1구간	1위	18	2주차	16위	11	6주차	31위	16	8주차
	최근 10주 7회 출현	34	7주차	최근 10주 5회 출현	21	4주차	최근 10주 4회 출현	2	23주차
		45	2주차		3	11주차		6	3주차
		12	4주차		4	5주차		42	5주차
	5위	27	8주차	20위	24	3주차	35위	5	42주차
2구간	6위	14	7주차	21위	36	8주차	36위	8	10주차
	최근 10주 5회 출현	17	이월수	최근 10주 3회 출현	7	2주차	최근 10주 6회 출현	25	8주차
		13	7주차		10	이월수		29	4주차
		33	2주차		19	2주차		30	이월수
	10위	20	3주차	25위	26	2주차	40위	23	4주차
3구간	11위	43	이월수	26위	31	5주차	41위	41	20주차
	최근 10주 6회 출현	1	13주차	최근 10주 7회 출현	38	9주차	최근 10주 3회 출현	28	3주차
		39	6주차		44	4주차		22	이월수
		40	4주차		15	11주차		32	12주차
	15위	37	5주차	30위	35	이월수	45위	9	13주차

앞의 출현그룹표 통계는 3주, 5주, 10주간 흐름으로 총 3개의 통계가 매주 공개된다. 앞의 통계 화면을 통해 최근 10주간 출현그룹표의 그룹별 구간별 흐름을 알 수 있다.

1094회 출현그룹표(10주간 흐름)

		A그룹			B그룹			C그룹	
	순위	번호	미출기간	순위	번호	미출기간	순위	번호	미출기간
1구간	1위	18	2주차	16위	11	6주차	31위	16	8주차
		34	7주차		21	4주차		2	23주차
	최근 10주 7회 출현	45	2주차	최근 10주 5회 출현	3	11주차	최근 10주 4회 출현	6	3주차
		12	4주차		4	5주차		42	5주차
	5위	27	8주차	20위	24	3주차	35위	5	42주차
2구간	6위	14	7주차	21위	36	8주차	36위	8	10주차
		17	이월수		7	2주차		25	8주차
	최근 10주 5회 출현	13	7주차	최근 10주 3회 출현	10	이월수	최근 10주 6회 출현	29	4주차
		33	2주차		19	2주차		30	이월수
	10위	20	3주차	25위	26	2주차	40위	23	4주차
3구간	11위	43	이월수	26위	31	5주차	41위	41	20주차
		1	13주차		38	9주차		28	3주차
	최근 10주 6회 출현	39	6주차	최근 10주 7회 출현	44	4주차	최근 10주 3회 출현	22	이월수
		40	4주차		15	11주차		32	12주차
	15위	37	5주차	30위	35	이월수	45위	9	13주차

1094회 출현그룹표 10주간 통계는 다음과 같은 특징이 있다.

총 3개의 구간이 최근 10주 동안 출현 횟수가 다른 구간에 비해 당첨번호 출현이 현저히 약했음을 확인할 수 있다. 물론 출현이 약했다고 해서 꼭 당첨번호로 출현하는 특징은 아니지만, 이러한 통계 흐름을 분석하여 향후 출현할 특징이 강해지는 구간을 예상할 수 있다.

앞의 특징을 분석하여 얻을 수 있는 결과는 아래와 같다.

> **1** 최근 약한 특징이 있는 B그룹, C그룹이 강해지는 회차 임박
>
> **2** 빨강 테두리의 3개의 구간에서 당첨번호 출현 임박

그럼 1094회 당첨번호인 6, 7, 15, 22, 26, 40번을 대입해 보자.

1094회 출현그룹표(10주간 흐름)

구간	A그룹			B그룹			C그룹		
	순위	번호	미출기간	순위	번호	미출기간	순위	번호	미출기간
1구간	1위	18	2주차	16위	11	6주차	31위	16	8주차
	최근 10주 7회 출현	34	7주차	최근 10주 5회 출현	21	4주차	최근 10주 4회 출현	2	23주차
		45	2주차		3	11주차		6	3주차
		12	4주차		4	5주차		42	5주차
	5위	27	8주차	20위	24	3주차	35위	5	42주차
2구간	6위	14	7주차	21위	36	8주차	36위	8	10주차
	최근 10주 5회 출현	17	이월수	최근 10주 3회 출현	7	2주차	최근 10주 6회 출현	25	8주차
		13	7주차		10	이월수		29	4주차
		33	2주차		19	2주차		30	이월수
	10위	20	3주차	25위	26	2주차	40위	23	4주차
3구간	11위	43	이월수	26위	31	5주차	41위	41	20주차
	최근 10주 6회 출현	1	13주차	최근 10주 7회 출현	38	9주차	최근 10주 3회 출현	28	3주차
		39	6주차		44	4주차		22	이월수
		40	4주차		15	11주차		32	12주차
	15위	37	5주차	30위	35	이월수	45위	9	13주차

1094회 당첨번호 6개를 표시하면 앞과 같다.

우리가 출현그룹표 분석을 통해 B그룹, C그룹이 강해질 것을 예상할 수 있었고, 특히 빨강 테두리의 3개의 구간에서 당첨번호 출현이 임박한 것도 예상할 수 있었다.

매주 이렇게 예상이 맞을 수는 없겠지만 그래도 로또9단 의 분석기법 1편 출현그룹표 통계는 앞과 같이 활용한다. 책 에서는 3개의 구간으로 설명하지만 실전에서는 독자분들께 서 3~5개 구간을 정해서 조합해 보시길 추천드린다.

지금까지 살펴봤던 출현그룹표 3개의 주요 구간 번호들을 낮은 번호부터 나열해 보겠다.

> 총 15수 : 2, 5, 6, 7, 9, 10, 16, 19, 22, 26, 28, 32, 36, 41, 42
>
> ※1094회 1등 번호 6, 7, 15, 22, 26, 40+41에서 총 5개 포함

이제 예상수로 만들어진 15개의 번호를 조합기를 통해 조 합을 하겠다.

> • 과출현 번호 제외수 : 18, 19, 22, 23, 30, 45
> • 출현그룹표 15수 : 2, 5, 6, 7, 9, 10, 16, 19, 22, 26, 28, 32, 36, 41, 42

1094회 최근 과출현 번호	
4주간 2회 이상 출현 번호	⑲ ㉚ ㊺
5주간 3회 이상 출현 번호	—
10주간 4회 이상 과출현 번호	⑱
15주간 5회 이상 과출현 번호	18
20주간 6회 이상 과출현 번호	—
40주간 9회 이상 과출현 번호	18 ㉒ ㉓ 30 45

조합기 사용법은 '파트3 로또9단 조합기 설명서'에서 배웠으니 생략하도록 하겠다. 사용 가능한 조합기로 다음과 같은 순서로 조합을 계속하다 보면 자연스럽게 매 회차 분석을 활용한 2차 조합기법을 하나씩 익히게 될 것이다.

간편 조합기, 정밀 조합기의 경우

1 제외수 화면에서 과출현 번호를 제외수로 선택한다.

2 예상수 화면에서 출현그룹표 15수를 선택한다.

(힌트) 예상수 15수에서 당첨번호 6개가 모두 있는 경우보다는 당첨번호 3~5개를 선택하는 것을 추천드린다.

(주의사항) 제외수인 19번, 22번은 예상수 15수에 있으므로 예상수로 선택한다.

❸ 세부적인 조합기 체크리스트 설정을 한다.

9단 조합기, 1등 조합기의 경우

❶ 제외수 화면에서 과출현 번호를 제외수로 선택한다.

(힌트) 제외수는 0개에서 1개를 선택하는 것을 추천한다.

❷ 예상수 화면에서 출현그룹표 15수를 선택한다.

(힌트) 예상수 15수에서 당첨번호 6개가 모두 있는 경우보다는 당첨번호 3~5개를 선택하는 것을 추천드린다.

(주의사항) 제외수인 19번, 22번은 예상수 15수에 있으므로 예상수로 선택한다.

❸ 출현그룹표 선택 화면에서 B그룹, C그룹을 2수 이상 선택한다.

❹ 세부적인 조합기 체크리스트 설정을 한다.

표준제외기법 활용

    분석방송 2편의 표준제외기법 및 과출현 번호의 활용법을 알아보겠다. 표준제외기법과 과출현 번호는 로또 통계를 활용하여 실전에서 검증된 '제외기법'이다. '제외기법'은 제외수를 활용하여 예상수를 35개, 30개, 25개, 이런 식으로 요약할 수 있게 해주는 기법으로 수년간 실전에서 검증된 로또9단이 만든 기법이다.

    이 기법에는 정확하게 알고 활용해야 할 부분이 있는데, 제외수는 45개 번호에서 매 회차 약한 특징의 번호들로 구성이 되지만 매주 완벽하게 제외되는 것은 아니다. 따라서 표준제외기법과 과출현 번호에서도 당첨번호가 나오는 회차도 많이 있으므로, 완전 제외 또는 1~2수 정도의 출현 특징이 있다는 것을 알고 실전에 활용해야 한다.

표준제외기법은 아래와 같이 구성된다.

최근 4주 이내 2회 이상 출현한 번호

1094회 10회차					
1주	10	17	22	30	35	43
2주	7	18	19	26	33	45
3주	6	20	23	24	28	30
4주	12	19	21	29	40	45
5주	4	18	31	37	42	43
6	11	21	22	30	39	44
7	13	14	18	21	34	44
8	11	16	25	27	35	36
9	4	7	17	18	38	44
10	8	12	13	29	33	42

미출기간표 직전 회차 출현 위치의 번호

1094회					
1	10	17	22	30	35	43
2	7	18	19	26	33	45
3	6	20	23	24	28	
4	12	21	29	40		
5	4	31	37	42		
6	11	39	44			
7	13	14	34			
8	16	25	27	36		
9	38					
10	8					

1,093회					
1	7	18	19	26	33	44
2	6	20	23	24	28	30
3	12	21	29	40		
4	4	31	37	42	43	
5	11	22	39	44		
6	13	14	34			
7	16	25	27	35	36	
8	17	38				
9	8					
10	3	15				

10회차 통계의 직전 회차 출현 위치의 번호

1094회 10회차					
1주	10	17	22	30	35	43
2주	7	18	19	26	33	45
3주	6	20	23	24	28	30
4주	12	19	21	29	40	45
5주	4	18	31	37	42	43
6	11	21	22	30	39	44
7	13	14	18	21	34	44
8	11	16	25	27	35	36
9	4	7	17	18	38	44
10	8	12	13	29	33	42

1,093회 10회차					
1주	7	18	19	26	33	45
2주	6	20	23	24	28	30
3주	12	19	21	29	40	45
4주	4	18	31	37	42	43
5주	11	21	22	30	39	44
6	13	14	18	21	34	44
7	11	16	25	27	35	36
6	4	7	17	18	38	44
9	8	12	13	29	33	42
10	3	7	14	15	22	38

출현그룹표 직전 회차 출현 위치의 번호

1,089회 A그룹		1,090회 A그룹		1,091회 A그룹		1,092회 A그룹		1,093회 A그룹		1094회 A그룹	
순위	번호	순위	번호	순위	번호	순위	번호	순위	번호	순위	번호
1위	34	1위	34	1위	34	1위	34	1위	18	1위	18
2위	18	2위	18	2위	18	2위	18	2위	34	2위	34
3위	27	3위	27	3위	12	3위	12	3위	45	3위	45
4위	12	4위	12	4위	27	4위	27	4위	12	4위	12
5위	45	5위	45	5위	45	5위	45	5위	27	5위	27
6위	14	6위	14	6위	14	6위	14	6위	14	6위	14
7위	13	7위	13	7위	13	7위	13	7위	13	7위	17
8위	17	8위	17	8위	17	8위	17	8위	17	8위	13
9위	33	9위	33	9위	33	9위	20	9위	33	9위	33
10위	1	10위	1	10위	1	10위	33	10위	20	10위	20
11위	20	11위	20	11위	20	11위	1	11위	1	11위	43
12위	39	12위	39	12위	39	12위	39	12위	39	12위	1
13위	40	13위	43	13위	40	13위	40	13위	40	13위	39
14위	43	14위	37	14위	43	14위	43	14위	43	14위	40
15위	11	15위	40	15위	37	15위	37	15위	37	15위	37

B그룹

	1,089회		1,090회		1,091회		1,092회		1,093회		1094회
순위	번호	순위	번호	순위	번호	순위	번호	순위	번호	순위	번호
16위	37	16위	11	16위	11	16위	11	16위	11	16위	11
17위	3	17위	3	17위	21	17위	21	17위	21	17위	21
18위	21	18위	4	18위	3	18위	3	18위	3	18위	3
19위	36	19위	21	19위	4	19위	4	19위	4	19위	4
20위	4	20위	36	20위	36	20위	24	20위	24	20위	24
21위	24	21위	24	21위	24	21위	36	21위	36	21위	36
22위	38	22위	31	22위	31	22위	31	22위	7	22위	7
23위	44	23위	38	23위	38	23위	38	23위	19	23위	10
24위	7	24위	44	24위	44	24위	44	24위	26	24위	19
25위	10	25위	7	25위	7	25위	7	25위	31	25위	26
26위	15	26위	10	26위	10	26위	10	26위	38	26위	31
27위	26	27위	15	27위	15	27위	15	27위	44	27위	38
28위	31	28위	26	28위	19	28위	19	28위	10	28위	44
29위	19	29위	19	29위	26	29위	26	29위	15	29위	15
30위	16	30위	16	30위	16	30위	16	30위	16	30위	35

C그룹

	1,089회		1,090회		1,091회		1,092회		1,093회		1094회
순위	번호	순위	번호	순위	번호	순위	번호	순위	번호	순위	번호
31위	35	31위	35	31위	35	31위	35	31위	35	31위	16
32위	2	32위	2	32위	2	32위	2	32위	2	32위	2
33위	6	33위	6	33위	6	33위	6	33위	6	33위	6
34위	5	34위	42	34위	42	34위	42	34위	42	34위	42
35위	8	35위	5	35위	5	35위	5	35위	5	35위	5
36위	42	36위	8	36위	8	36위	8	36위	8	36위	8
37위	25	37위	25	37위	25	37위	25	37위	25	37위	25
38위	29	38위	29	38위	29	38위	29	38위	29	38위	29
39위	41	39위	41	39위	41	39위	23	39위	23	39위	30
40위	23	40위	23	40위	23	40위	30	40위	30	40위	23
41위	30	41위	30	41위	30	41위	41	41위	41	41위	41
42위	28	42위	28	42위	28	42위	28	42위	28	42위	28
43위	22	43위	22	43위	22	43위	22	43위	22	43위	22
44위	32	44위	32	44위	32	44위	32	44위	32	44위	32
45위	9	45위	9	45위	9	45위	9	45위	9	45위	9

최근 과출현 번호

1094회 최근 과출현 번호	
4주간 2회 이상 출현 번호	⑲ ㉚ ㊺
5주간 3회 이상 출현 번호	—
10주간 4회 이상 과출현 번호	⑱
15주간 5회 이상 과출현 번호	18
20주간 6회 이상 과출현 번호	—
40주간 9회 이상 과출현 번호	18 ㉒ ㉓ 30 45

1094회 기준의 표준제외기법 번호는 다음과 같다.

- 최근 4주 이내 2회 이상 출현한 번호
— 19, 30, 45
- 미출기간표 직전 회차 출현 위치의 번호
— 16, 31, 45
- 10회차 통계의 직전 회차 출현 위치의 번호
— 25, 31, 34, 45

- 출현그룹표 직전 회차 출현 위치의 번호
— 13, 16, 22, 23, 40, 44
- 과출현 번호
— 18, 19, 22, 23, 30, 45

이제 앞의 표준제외기법 번호들을 정리하면 다음과 같다.

- 1094회 표준제외기법 및 과출현 번호
— 13, 16, 18, 19, 22, 23, 25, 30, 31, 34, 40, 44, 45

4주 이내 2회 출현		1094회 최근 과출현 번호	
19. 30, 45	4주간 2회 이상 출현 번호	⑲ ㉚ ㊺	
10회차 직전 위치	5주간 3회 이상 출현 번호	—	
25, 31, 34, 45	10주간 4회 이상 과출현 번호	⑱	
미출표 직전 위치	15주간 5회 이상 과출현 번호	18	
16, 31, 45	20주간 6회 이상 과출현 번호	—	
출현그룹표 약함	40주간 9회 이상 과출현 번호	18 ㉒ ㉓ 30 45	
13, 16, 22, 23, 40, 44			

중복한 번호를 제외하면 제외수는 총 13수이다.

이제 1094회 당첨번호인 6, 7, 15, 22, 26, 40번을 대입해 보면 총 13수의 제외수에서 11수가 제외되고 22번, 40번이 당첨번호로 나온 것을 확인할 수 있다. 이렇게 제외수에서 당첨번호가 0~2개까지 나오는 특징이 있으니 조합을 할 때에도 이 부분을 활용해야 한다. 다시 한번 강조하지만 제외수라고 해서 무조건 제외하는 것이 아니라 0~2개의 출현 특징이 있다는 것을 명심해야 한다.

조합기 사용법은 '파트3 로또9단 조합기 설명서'에서 배웠으니 생략하도록 하겠다. 사용 가능한 조합기에서 제외수를 잘 활용하면 자연스럽게 매 회차 분석을 활용한 2차 조합기법을 하나씩 익히게 될 것이다.

출현 특징 활용

　공개 분석방송 3편의 주요 통계 및 출현 특징 번호의 활용법을 알아보겠다. 분석 3편 영상은 많은 로또 통계 중에서도 통계 흐름 분석에 도움이 되는 엄선된 통계 위주로 구성되어 있다.

　공개 분석방송 2편 표준제외기법이 제외수를 사용해서 예상수를 35수, 30수, 25수 이렇게 요약할 수 있다면, '공개 분석방송 3편 출현 특징'에서는 매 회차 출현 특징이 있는 번호들로만 35수, 30수, 25수 이런 식으로 요약할 수 있다.

　이때, 제외수와 겹치는 출현 특징의 번호가 있다면 제외수가 아니라 예상수로 활용하는 것이 좋다. 제외수가 항상 모두 제외되는 것은 아닌 것을 알고 있기에 출현 특징이 있는 제외수 번호는 예상수로 활용해야 한다.

분석 3편 영상에서 다루는 통계 구성은 아래와 같다.

미출기간표 통계

1094회						
1	10	17	22	30	35	43
2	7	18	19	26	33	45
3	6	20	23	24	28	
4	12	21	29	40		
5	4	31	37	42		
6	11	39	44			
7	13	14	34			
8	16	25	27	36		
9	38					
10	8					
11	3	15				
12	32					
13	1	9				
20	41					
23	2					
42	5					

**5주 이내
25수**

**6주~10주
12수**

**미출수
8수**

소삼합 통계 흐름(소수, 3배수, 합성수)

최근 20주간 소수 14개 번호 출현 현황

	2번	3번	5번	7번	11번	13번	17번	19번	23번	29번	31번	37번	41번	43번	합계
1,093							1							1	2개
1,092			1					1							2개
1,091									1						1개
1,090								1		1					2개
1,089											1	1		1	3개
1,088				1											1개
1,087					1										1개
1,086				1											1개
1,085			7			1									2개
1,084					1					1					2개
1,083		1	1												2개
1,082															0개
1,081									1						1개
1,080					1				1		1				3개
1,079												1			1개
1,078				1											1개
1,077						1								1	2개
1,076		1		1								1			3개
1,075									1						1개
1,074													1		1개

최근 20주간 3배수 15개 번호 출현 현황

	3번	6번	9번	12번	15번	18번	21번	24번	27번	30번	33번	36번	39번	42번	45번	합계
1,093										1						1개
1,092				1							1				1	3개
1,091		1						1		1						3개
1,090			1				1								1	3개
1,089					1									1		2개
1,088						1					1		1			3개
1,087					1	1										2개
1,086									1			1				2개
1,085						1										1개
1,084			1									1		1		3개
1,083	1			1												2개
1,082							1		1					1		3개
1,081		1						1								2개
1,080												1				1개
1,079					1			1							1	3개
1,078		1										1				2개
1,077									1							1개
1,076		1	1								1	1				4개
1,075								1							1	2개
1,074		1							1							2개

최근 20주간 합성수 17개 번호 출현 현황

	1번	4번	8번	10번	14번	16번	20번	22번	25번	26번	28번	32번	34번	35번	38번	40번	44번	합계
1,093				1				1						1				3개
1,092											1							1개
1,091							1				1							2개
1,090																1		1개
1,089		1																1개
1,088								1									1	2개
1,087				1									1					3개
1,086					1								1					3개
1,085		1													1		1	3개
1,084			1															1개
1,083					1										1			3개
1,082											1		1	1				3개
1,081	1				1										1			3개
1,080				1													1	2개
1,079		1	1															2개
1,078			1	1											1			3개
1,077		1	1													1		3개
1,076																		0개
1,075	1													1			1	3개
1,074							1					1						2개

번호대별 출현 현황(단번대, 10번대, 20번대, 30번대, 40번대)

1094회 (단번대)

당첨번호

1	2	3	4	5	6
10	17	22	30	35	43
7	18	19	26	33	45
6	20	23	24	28	30
12	19	21	29	40	45
4	18	31	37	42	43
11	21	22	30	39	44
13	14	18	21	34	44
11	16	25	27	35	36
4	7	17	18	38	44
8	12	13	29	33	42
3	7	14	15	22	38
21	26	27	32	34	42
1	9	16	23	24	38
13	16	23	31	36	44

1094회 (10번대)

당첨번호

1	2	3	4	5	6
10	17	22	30	35	43
7	18	19	26	33	45
6	20	23	24	28	30
12	19	21	29	40	45
4	18	31	37	42	43
11	21	22	30	39	44
13	14	18	21	34	44
11	16	25	27	35	36
4	7	17	18	38	44
8	12	13	29	33	42
3	7	14	15	22	38
21	26	27	32	34	42
1	9	16	23	24	38
13	16	23	31	36	44

1094회 (20번대)

당첨번호

1	2	3	4	5	6
10	17	22	30	35	43
7	18	19	26	33	45
6	20	23	24	28	30
12	19	21	29	40	45
4	18	31	37	42	43
11	21	22	30	39	44
13	14	18	21	34	44
11	16	25	27	35	36
4	7	17	18	38	44
8	12	13	29	33	42
3	7	14	15	22	38
21	26	27	32	34	42
1	9	16	23	24	38
13	16	23	31	36	44

1094회 (30번대)

당첨번호

1	2	3	4	5	6
10	17	22	30	35	43
7	18	19	26	33	45
6	20	23	24	28	30
12	19	21	29	40	45
4	18	31	37	42	43
11	21	22	30	39	44
13	14	18	21	34	44
11	16	25	27	35	36
4	7	17	18	38	44
8	12	13	29	33	42
3	7	14	15	22	38
21	26	27	32	34	42
1	9	16	23	24	38
13	16	23	31	36	44

1094회 (40번대)

당첨번호

1	2	3	4	5	6
10	17	22	30	35	43
7	18	19	26	33	45
6	20	23	24	28	30
12	19	21	29	40	45
4	18	31	37	42	43
11	21	22	30	39	44
13	14	18	21	34	44
11	16	25	27	35	36
4	7	17	18	38	44
8	12	13	29	33	42
3	7	14	15	22	38
21	26	27	32	34	42
1	9	16	23	24	38
13	16	23	31	36	44

번호대별 미출기간표 분포 현황

1094회 (단번대)

1	10			
2	7			
3	6			
4				
5	4			
6				
7				
8				
9				
10	8			
11	3			
12				
13	1	9		
20				
23	2			
42	5			

1094회 (10번대)

1	17			
2	18	19		
3	20			
4	12			
5				
6	11			
7	13	14		
8	16			
9				
10				
11	15			
12				
13				
20				
23				
42				

1094회 (20번대)

1	22	30		
2	26			
3	23	24	28	
4	21	29		
5				
6				
7				
8	25	27		
9				
10				
11				
12				
13				
20				
23				
42				

1094회 (30번대)

1			35	
2			33	
3				
4		40		
5	31	37		
6	39			
7	34			
8		36		
9	38			
10				
11				
12	32			
20				
23				
42				

1094회 (40번대)

1			43	
2			45	
3				
4				
5			42	
6		44		
7				
8				
9				
10				
11				
12				
20	41			
23				
42				

이웃수 통계

1094회 이웃수 위치

1	2	3	4	5	6	7
8	9	10	11	12	13	14
15	16	17	18	19	20	21
22	23	24	25	26	27	28
29	30	31	32	33	34	35
36	37	38	29	40	41	42
43	44	45				

회차	이웃수
1,093회	1개
1,092회	2개
1,091회	3개
1,090회	1개
1,089회	2개
1,088회	1개
1,087회	1개
1,086회	1개
1,085회	1개
1,084회	2개
1,083회	1개
1,083회	0개

쌍수/광땡수 통계(쌍수 11, 22, 33, 44), (광땡수 13,18,31,38)

회차	1	2	3	4	5	6
1,093	10	17	22	30	35	43
1,092	7	18	19	26	33	45
1,091	6	20	23	24	28	30
1,090	12	19	21	29	40	45
1,089	4	18	31	37	42	43
1,088	11	21	22	30	39	44
1,087	13	14	18	21	34	44
1,086	11	16	25	27	35	36
1,085	4	7	17	18	38	44
1,084	8	12	13	29	33	42
1,083	3	7	14	15	22	38
1,082	21	26	27	32	34	42
1,081	1	9	16	23	24	38
1,080	13	16	23	31	36	44
1,079	4	8	18	24	37	45
1,078	6	10	11	14	36	38
1,077	4	8	17	30	40	43
1,076	3	7	9	33	36	37
1,075	1	23	24	35	44	45
1,074	1	6	20	27	28	41

10주간 출현 회수	
쌍수	
11번	2회
22번	2회
33번	2회
44번	3회
광땡수	
13번	2회
18번	4회
31번	1회
38번	1회

20주간 출현 회수	
쌍수	
11번	3회
22번	3회
33번	3회
44번	5회
광땡수	
13번	3회
18번	5회
31번	2회
38번	4회

매 회차 위의 통계는 고정적으로 분석하는 통계이며 장기미출현의 특징이 발견되면 분석 영상에 관련 통계가 추가된다.

1094회 기준의 주요 출현 특징은 아래와 같다.

공개 분석방송 3편에서는 공개 분석방송 2편의 표준제외 기법과 달리 예상수를 공개적으로 지정해 주지는 않기 때문에 특징만 알아보도록 하겠다.

- 미출기간표 통계
— 출현이 약했던 이월수 및 5주 이내, 4수 이상 출현 특징

- 소삼합(소소, 3배수, 합성수) 출현 특징 구간
— 소수 14개 번호는 평균의 출현 특징을 띄고 있다.
— 3배수 15개 번호는 평균 통계 기준으로 약한 흐름 진입
— 합성수 17개 번호는 평균 통계 기준으로 강한 흐름 진입

- 번호대별 출현 현황
— 단번대는 2수 이상 강한 출현 특징으로 진입(강한 출현 특징은 2수 이상을 의미한다)
— 10번대는 평균의 출현 특징이다.(평균은 1~2수)
— 20번대는 평균의 출현 특징이다.(평균은 1~2수)
— 30번대는 평균통계 기준으로 강한 출현 특징 진입

― 40번대는 평균 통계 기준으로 약한 출현 특징 진입(약한 출현 특징은 0~1개의 출현을 의미한다)

• 번호대별 미출기간표 분포 현황
― 각 번호대별로 미출기간표의 분포 현황을 평균 특징을 분석한 결과 단번대, 20번대, 30번대 번호가 출현 특징이 있다.

• 이웃수 통계
― 이웃수는 최근 0~2개의 출현 특징이 강해졌다.
(힌트) 최근에는 방송을 시청하는 독자들께 이웃수를 약한 특징으로 보고 이웃수가 없는 구간을 출현 특징으로 분석해 주고 있다.

• 쌍수/광땡수 통계
― 최근 5주간 2수 이상 출현이 1회밖에 없으므로 총 8개의 쌍수/광때수 번호에서 출현 특징이 있다.

지금까지 1094회를 가지고 공개 분석방송 3편의 주요통계를 활용한 출현 특징을 공부했다. 독자분들께서는 유튜브 '로또9단' 또는 '9단TV' 채널에서 해당 분석 영상을 확인할 수 있다.

이제 공개 분석방송 3편 출현 특징의 분석 내용과 1094회 당첨번호인 6, 7, 15, 22, 26, 40번을 대입해 보도록 하겠다.

- 미출기간표 통계
— 22번은 이월수 번호로 출현했다.
— 6번, 7번, 22번, 26번, 40번은 5주 이내 4수 이상 출현 특징으로 출현했다.

- 소삼합(소소, 3배수, 합성수) 출현 특징 구간
— 강한 흐름으로 분석했던 합성수 17수에서 22번, 26번, 40번이 출현했고 나머지 3개의 번호는 소수, 3배수에서 출현했다.

- 번호대별 출현 현황
— 강한 특징으로 분석했던 단번대, 30번대에서 6번, 7번, 40번 총 3개의 번호가 출현했다. 약하게 봤던 40번대는 전멸했다.

• 번호대별 미출기간표 분포 현황

— 출현 특징이 강했던 단번대, 20번대, 30번대에서 6번, 7번, 22번, 26번, 40번 총 5개의 번호가 출현했다.

• 이웃수 통계

— 이웃수 번호는 당첨번호로 나오지 않았고 이웃수 번호가 없는 구간에서 당첨번호가 나왔다.

• 쌍수/광땡수 통계

— 총 8개의 번호에서 22번이 출현했다.

이렇게 공개 분석방송 3편의 영상 분석 내용으로 조합기에서 조합을 할 때 단번대에서 2수 이상을 선택하고 미출기간표 5주 이내 번호에서 4수 이상을 선택하고 이월수를 선택한다. 조합기 화면에서 소수, 3배수, 합성수를 분석을 통해 나온 특징에 맞게 선택하고 이웃수와 쌍수/광땡수도 분석을 통해 나온 특징으로 선택을 한다.

조합기 사용법은 '파트3 로또9단 조합기 설명서'에서 배웠으니 생략하도록 하겠다. 사용 가능한 조합기에서 출현 특징을 잘 활용하면 자연스럽게 매 회차 분석을 활용한 2차 조합 기법을 하나씩 익히게 될 것이다.

필출반창고패턴 활용

공개 분석방송 4편의 패턴표 분석인 '필출반창고패턴' 분석 영상의 활용법을 알아보겠다.

1094회						
동행최장 7주 미출 최근 5주 연속 미출 •동행최장 미출이 최근 1,075~1,081회						
22	23	24	25	26	27	28
29	30	31	32	33	34	35
36	37	38	29	40	41	42
43	44	45				

1094회						
1	2	3	4	5	6	7
8	9	10	11	12	13	14
15	16	17	18	19	20	21
최근 약했던 구간						
29	30	31	32	33	34	35
36	37	38	29	40	41	42
43	44	45				

1094회						
1	2	3	4	5	6	7
8	9	10	11	12	13	14
최근 8주 동안 1회만 출현						
29	30	31	32	33	34	35
36	37	38	29	40	41	42
43	44	45				

'필출반창고패턴'은 화면에 표시된 패턴의 모양이 반창고같이 표현되어 반창고패턴이라 부른다. 공개 분석방송

4편 영상에서는 패턴표의 최근 통계로 최근 5년, 최근 10년, 로또 전체 회차 통계와 비교하여 장기간 미출현한 특징을 분석한다.

공개 분석방송 4편 '필출반창고패턴' 영상의 주요 특징으로는 자주 보이는 번호는 고정수로 활용하기 좋다는 것이다. 그러니 자주 보이는 번호가 있는 '필출반창고패턴'을 잘 활용해야 한다.

또한 최근 5년간 최초의 특징을 띄는 장기미출현 특징의 패턴은 고정수나 예상수로 활용하는 것이 좋다. 당연히 제외수와 겹치는 출현 특징의 번호가 있다면 제외수가 아니라 예상수나 고정수로 활용하는 것이 좋다.

1094회 기준의 필출반창고패턴의 번호는 다음과 같다. 책에서는 1094회에 당첨번호로 출현했던 반창고패턴들을 알아보도록 하겠다.

최근 5년 최장 미출기간 5주 후 출현 시작 패턴의 번호

＊동행 최장 연속 미출은 5주(960~964회)

— 15, 16, 17, 25, 26, 27

1,093회							1,092회							1,091회							1,090회							1,089회						
1	2	3	4	5	6	7	1	2	3	4	5	6	7	1	2	3	4	5	6	7	1	2	3	4	5	6	7	1	2	3	4	5	6	7
8	9	10	11	12	13	14	8	9	10	11	12	13	14	8	9	10	11	12	13	14	8	9	10	11	12	13	14	8	9	10	11	12	13	14
15	16	17	18	19	20	21	15	16	17	18	19	20	21	15	16	17	18	19	20	21	15	16	17	18	19	20	21	15	16	17	18	19	20	21
22	23	24	25	26	27	28	22	23	24	25	26	27	28	22	23	24	25	26	27	28	22	23	24	25	26	27	28	22	23	24	25	26	27	28
29	30	31	32	33	34	35	29	30	31	32	33	34	35	29	30	31	32	33	34	35	29	30	31	32	33	34	35	29	30	31	32	33	34	35
36	37	38	29	40	41	42	36	37	38	29	40	41	42	36	37	38	29	40	41	42	36	37	38	29	40	41	42	36	37	38	29	40	41	42
43	44	45					43	44	45					43	44	45					43	44	45					43	44	45				

최근 5년 최초로 7주째 2수 미만 출현 패턴의 번호

＊동행 최장 2수 미만 연속은 4주,
(10년 통계) 600회 이후 최장 2수 미만은 7주

— 1, 2, 3, 4, 5, 6, 7, 8, 9, 10, 11, 12, 13, 14 (가로 1,2라인)

1,093회							1,092회							1,091회							1,090회							1,089회						
1	2	3	4	5	6	7	1	2	3	4	5	6	7	1	2	3	4	5	6	7	1	2	3	4	5	6	7	1	2	3	4	5	6	7
8	9	10	11	12	13	14	8	9	10	11	12	13	14	8	9	10	11	12	13	14	8	9	10	11	12	13	14	8	9	10	11	12	13	14
15	16	17	18	19	20	21	15	16	17	18	19	20	21	15	16	17	18	19	20	21	15	16	17	18	19	20	21	15	16	17	18	19	20	21
22	23	24	25	26	27	28	22	23	24	25	26	27	28	22	23	24	25	26	27	28	22	23	24	25	26	27	28	22	23	24	25	26	27	28
29	30	31	32	33	34	35	29	30	31	32	33	34	35	29	30	31	32	33	34	35	29	30	31	32	33	34	35	29	30	31	32	33	34	35
36	37	38	29	40	41	42	36	37	38	29	40	41	42	36	37	38	29	40	41	42	36	37	38	29	40	41	42	36	37	38	29	40	41	42
43	44	45					43	44	45					43	44	45					43	44	45					43	44	45				

최근 출현이 약했던 가로 6라인 번호

— 36, 37, 38, 39, 40, 41, 42

1,093회							1,092회							1,091회							1,090회							1,089회						
1	2	3	4	5	6	7	1	2	3	4	5	6	7	1	2	3	4	5	6	7	1	2	3	4	5	6	7	1	2	3	4	5	6	7
8	9	10	11	12	13	14	8	9	10	11	12	13	14	8	9	10	11	12	13	14	8	9	10	11	12	13	14	8	9	10	11	12	13	14
15	16	17	18	19	20	21	15	16	17	18	19	20	21	15	16	17	18	19	20	21	15	16	17	18	19	20	21	15	16	17	18	19	20	21
22	23	24	25	26	27	28	22	23	24	25	26	27	28	22	23	24	25	26	27	28	22	23	24	25	26	27	28	22	23	24	25	26	27	28
29	30	31	32	33	34	35	29	30	31	32	33	34	35	29	30	31	32	33	34	35	29	30	31	32	33	34	35	29	30	31	32	33	34	35
36	37	38	29	40	41	42	36	37	38	29	40	41	42	36	37	38	29	40	41	42	36	37	38	29	40	41	42	36	37	38	29	40	41	42
43	44	45					43	44	45					43	44	45					43	44	45					43	44	45				

지금까지 1094회를 가지고 공개 분석방송 4편의 필출반창고패턴 중에서 당첨번호로 출현했던 일부 반창고패턴을 알아봤다. 독자분들께서는 유튜브 '로또9단' 또는 '9단TV' 채널에서 해당 분석 영상을 확인할 수 있다.

이제 공개 분석방송 4편 반창고패턴의 분석 내용과 1094회 당첨번호인 6, 7, 15, 22, 26, 40번을 대입해 보자.

- 최근 5년 최장미출기간 5주 후 출현 시작 패턴의 번호
— 15번과 26번이 당첨번호로 출현했다.
- 최근 5년 최초로 7주째 2수 미만 출현 패턴의 번호
— 단번대 번호 6번, 7번이 출현했다.
- 최근 출현이 약했던 가로 6라인 번호
— 30번대 번호 40번이 출현했다.

여기서 주의해야 할 것이 있다. 공개 분석방송 4편의 '필출반창고패턴' 영상은 최근 6주 이상 미출현한 번호를 주로 대상으로 하기 때문에, 최근 5주 이내에 구간이 강한 회차에는 너무 많은 번호를 예상수나 고정수로 사용하면 안 된다.

분석 영상에서 이번 주 어떤 분석 영상의 내용이 더 중요한지 알려주고 있으니 매 회차 분석 영상을 보고 잘 판단해야 한다.

조합기 사용법은 '파트3 로또9단 조합기 설명서'에서 배웠으니 생략하도록 하겠다. 사용 가능한 조합기에서 '필출반 창고패턴'의 특징에서 찾은 번호들을 잘 활용하면 자연스럽게 매 회차 분석을 활용한 2차 조합기법을 하나씩 익히게 될 것이다.

끝수 분석 활용

공개 분석방송 5편의 '끝수 분석' 영상의 활용법을 알아보겠다. 공개 분석방송 5편 영상에서는 끝수의 최근 통계로 어떤 끝수가 출현 시점이 임박했는지 분석하고, 로또 통계의 주요 특징인 동끝수의 출현 특징을 분석한다.

공개 분석방송 5편 '끝수 분석' 영상을 통해 출현이 임박한 끝수의 구간을 예상할 수 있다. 낮은 끝수(1~5끝)와 높은 끝수(6~0끝)로 구분이 되며, 로또 통계는 낮은 끝수의 번호가 총 25수로 높은 끝수 20수보다 많기 때문에 낮은 끝수에서 당첨번호 출현율이 높다.

이렇게 낮은 끝수, 높은 끝수의 비교를 시작으로 각각의 끝수가 갖고 있는 출현 특징을 세부적으로 분석한다.

첫 번째 책인『로또9단 1등 분석기법』에서도 공부했지만 로또 통계는 동끝수 2개의 출현 확률이 높다. 그러니 매주 동끝수 2개 후보 끝수를 찾고 조합을 할 때에도 활용하면 2차 조합기법을 습득해 가는 데 도움이 될 것이다.

1094회 1끝수

1	10	17	22	30	35	43
2	7	18	19	26	33	45
3	6	20	23	24	28	
4	12	21	29	40		
5	4	31	37	42		
6	11	39	44			
7	13	14	34			
8	16	25	27	36		
9	38					
10	8					
11	3	15				
12	32					
13	1	9				
20	41					
23	2					
42	5					

1094회 2끝수

1	10	17	22	30	35	43
2	7	18	19	26	33	45
3	6	20	23	24	28	
4	12	21	29	40		
5	4	31	37	42		
6	11	39	44			
7	13	14	34			
8	16	25	27	36		
9	38					
10	8					
11	3	15				
12	32					
13	1	9				
20	41					
23	2					
42	5					

1094회 3끝수

1	10	17	22	30	35	43
2	7	18	19	26	33	45
3	6	20	23	24	28	
4	12	21	29	40		
5	4	31	37	42		
6	11	39	44			
7	13	14	34			
8	16	25	27	36		
9	38					
10	8					
11	3	15				
12	32					
13	1	9				
20	41					
23	2					
42	5					

1094회 4끝수

1	10	17	22	30	35	43
2	7	18	19	26	33	45
3	6	20	23	24	28	
4	12	21	29	40		
5	4	31	37	42		
6	11	39	44			
7	13	14	34			
8	16	25	27	36		
9	38					
10	8					
11	3	15				
12	32					
13	1	9				
20	41					
23	2					
42	5					

1094회 5끝수

1	10	17	22	30	35	43
2	7	18	19	26	33	45
3	6	20	23	24	28	
4	12	21	29	40		
5	4	31	37	42		
6	11	39	44			
7	13	14	34			
8	16	25	27	36		
9	38					
10	8					
11	3	15				
12	32					
13	1	9				
20	41					
23	2					
42	5					

1094회 6끝수

1	10	17	22	30	35	43
2	7	18	19	26	33	45
3	6	20	23	24	28	
4	12	21	29	40		
5	4	31	37	42		
6	11	39	44			
7	13	14	34			
8	16	25	27	36		
9	38					
10	8					
11	3	15				
12	32					
13	1	9				
20	41					
23	2					
42	5					

1094회 7끝수

1	10	17	22	30	35	43
2	7	18	19	26	33	45
3	6	20	23	24	28	
4	12	21	29	40		
5	4	31	37	42		
6	11	39	44			
7	13	14	34			
8	16	25	27	36		
9	38					
10	8					
11	3	15				
12	32					
13	1	9				
20	41					
23	2					
42	5					

1094회 8끝수

1	10	17	22	30	35	43
2	7	18	19	26	33	45
3	6	20	23	24	28	
4	12	21	29	40		
5	4	31	37	42		
6	11	39	44			
7	13	14	34			
8	16	25	27	36		
9	38					
10	8					
11	3	15				
12	32					
13	1	9				
20	41					
23	2					
42	5					

1094회 9끝수

1	10	17	22	30	35	43
2	7	18	19	26	33	45
3	6	20	23	24	28	
4	12	21	29	40		
5	4	31	37	42		
6	11	39	44			
7	13	14	34			
8	16	25	27	36		
9	38					
10	8					
11	3	15				
12	32					
13	1	9				
20	41					
23	2					
42	5					

1094회 0끝수

1	10	17	22	30	35	43
2	7	18	19	26	33	45
3	6	20	23	24	28	
4	12	21	29	40		
5	4	31	37	42		
6	11	39	44			
7	13	14	34			
8	16	25	27	36		
9	38					
10	8					
11	3	15				
12	32					
13	1	9				
20	41					
23	2					
42	5					

끝수 분석에서 기본적인 출현 특징은 아래와 같다. 미출기
간표를 기준으로 통계 분포를 살펴봐야 한다.

1 미출기간표에서 같은 끝수가 2개 이상인 특징

2 미출기간표에서 같은 끝수가 뭉쳐져 있는 특징

3 미출기간표 5주 이내에 1수 이하인 특징

4 11주 이상 미출수에 많이 있는 특징

끝수 분석을 통해 위의 4가지 기본적인 출현 특징으로 분
석하면 이번 회차에 나오지 않더라도 3주 이내에는 강하게
출현을 한다. 이렇게 기본 끝수 분석을 하고 동끝수 2개 후
보 끝수를 찾은 후 조합기에 적용하면 2차 조합기법이 된다.

조합기 사용법은 '파트3 로또9단 조합기 설명서'에서 배웠
으니 생략하도록 하겠다. 사용 가능한 조합기에서 '끝수 분
석'의 특징들을 잘 활용하면 자연스럽게 매 회차 분석을 활
용한 2차 조합기법을 하나씩 익히게 될 것이다.

PART **5**

로또9단 분석방송
활용하기(고급편)

지금까지 정기적으로 업로드되는 분석영상 1~5편을 먼저 활용해 보았다. 이번에는 특별라이브와 깜짝라이브 등에서 주요 흐름을 분석하여 조합하는 방법을 배우도록 하겠다.

　2차 조합기법은 단순히 예상수로만 조합하는 것이 아닌 회차별 흐름을 공부하여 출현 특징이 있는 부분을 적극적으로 활용하는 기법이라고 배웠다. 이번 PART5에서 배우는 분석기법과 조합기법이 우리 독자분들께서 도움이 되어 상위 당첨의 확률이 높아지길 바란다.

이웃수가 없는 주요 구간 활용

2002년 12월에 국내에 로또가 도입된 지 2024년 기준으로 21년이 되었다. 첫 번째 책인 『로또9단 1등 분석기법』에서 많은 통계를 공부했고 분석기법도 공부했었다. 최근 들어 기존의 통계에 비해 출현율이 조금씩 변하고 있는 통계들이 있으니 앞으로 로또 분석을 하면서 이러한 변경 추이도 공부해 나가야 된다.

이웃수 기준으로 로또 전체 통계에서 이웃수가 3회 이상 나온 횟수는 2024년 1월 기준으로 총 156회로 약 14% 정도의 회차만 3수 이상이 나왔었다. 반대로 생각해 보면 86%의 회차는 이웃수 평균 10수 이상에서 당첨번호가 2수 이하로 나오고 있다는 것을 알 수 있다.

특히, 최근 2년간 이웃수에서 3수 이상 출현 횟수는 11회로 약 11% 정도의 회차만 3수 이상이 나오면서 전체 평균에 비해 3수 이상 출현 빈도도 약해진 흐름이다.

1094회의 이웃수 번호는 노란색으로 표기되어 있다.

9, 11, 16, 18, 21, 23, 29, 31, 34, 36, 42, 44

1094회 이웃수 위치

1	2	3	4	5	6	7
8	9	10	11	12	13	14
15	16	17	18	19	20	21
22	23	24	25	26	27	28
29	30	31	32	33	34	35
36	37	38	29	40	41	42
43	44	45				

위의 총 12수의 이웃수 번호에서 당첨번호는 나오지 않았다. 최근의 이웃수 출현 통계에서도 3수 이상이 당첨번호로

146

출현하는 회차는 10%가 조금 넘었었다. 그렇기 때문에 우리는 이웃수 번호가 없는 주요 구간을 집중 공략해서 조합하는 기법을 활용하면 5등, 4등뿐만 아니라 상위 당첨의 확률도 높아진다는 것을 알 수 있다.

이제 위의 이웃수 위치 화면에 1094회 당첨번호를 표기해서 확인해 보겠다.

1094회 당첨번호 : 6, 7, 15, 22, 26, 40

1094회 이웃수 위치

1	2	3	4	5	6	7
8	9	10	11	12	13	14
15	16	17	18	19	20	21
22	23	24	25	26	27	28
29	30	31	32	33	34	35
36	37	38	29	40	41	42
43	44	45				

1094회뿐만 아니라 1096회, 1097회에도 이웃수에서는 당

첨번호가 미출현 했다. 이렇게 이웃수가 미출현하는 회차들도 많으니 앞으로 이웃수가 없는 주요 구간을 매주 공략해 보는 전략을 꾸준히 해보시길 추천드린다.

여기에서 이웃수가 없는 주요 구간을 좀 더 시각화해서 표현해서 살펴보도록 하겠다. 이웃수가 없는 주요 구간을 빨강 테두리로 표시하면 아래와 같다. 매주 평균 25~30수 안쪽의 예상수로 구성이 된다.

1094회 이웃수 위치

1	2	3	4	5	6	7
8	9	10	11	12	13	14
15	16	17	18	19	20	21
22	23	24	25	26	27	28
29	30	31	32	33	34	35
36	37	38	29	40	41	42
43	44	45				

빨강 테두리의 이웃수가 없는 주요 구간 번호 총 28수에서 1등 번호가 있었다. 매주 이와 비슷한 예상수로 도전하면서

5등, 4등도 자주 하면서 로또 1등도 되시길 기원드린다.

   추가로, 과출현 번호 등의 제외기법과 다른 출현 특징들을 잘 활용한다면 보다 높은 확률로 매주 로또를 해 나갈 수 있으니 로또9단의 분석방송을 참고하여 매주 도전하시길 추천드린다.

패턴표 관심 구간 활용

　앞서 PART4에서 '필출반창고패턴'의 활용에 대해 공부했었다. PART4의 필출반창고패턴은 각각의 패턴의 특징을 분석하여 활용하였다면, 이번에는 여러 개의 필출반창고패턴들을 묶어서 패턴표에 해당하는 반창고패턴들을 시각화하여 겹치는 구간에서 고정수도 찾아내고, 출현 예상구간 및 예상수도 찾아보도록 하겠다.

　'관심 구간'이란 출현 특징이 있는 번호들이 모여있는 특정한 구간을 의미한다. 이렇게 출현 특징이 있는 패턴표의 특징들을 시각화하면 패턴표 관심 구간이 된다. 1094회를 기준으로 패턴표 관심 구간을 만들어 보겠다.

PART4에서 다뤘던 패턴들부터 다시 한번 살펴보겠다.

최근 5년 최장 미출기간 5주 후 출현 시작 패턴의 번호

*동행 최장 연속 미출은 5주(960~964회)

— 15, 16, 17, 25, 26, 27

1,093회	1,092회	1,091회	1,090회	1,089회

1	2	3	4	5	6	7	1	2	3	4	5	6	7	1	2	3	4	5	6	7	1	2	3	4	5	6	7	1	2	3	4	5	6	7
8	9	10	11	12	13	14	8	9	10	11	12	13	14	8	9	10	11	12	13	14	8	9	10	11	12	13	14	8	9	10	11	12	13	14
15	16	17	18	19	20	21	15	16	17	18	19	20	21	15	16	17	18	19	20	21	15	16	17	18	19	20	21	15	16	17	18	19	20	21
22	23	24	25	26	27	28	22	23	24	25	26	27	28	22	23	24	25	26	27	28	22	23	24	25	26	27	28	22	23	24	25	26	27	28
29	30	31	32	33	34	35	29	30	31	32	33	34	35	29	30	31	32	33	34	35	29	30	31	32	33	34	35	29	30	31	32	33	34	35
36	37	38	29	40	41	42	36	37	38	29	40	41	42	36	37	38	29	40	41	42	36	37	38	29	40	41	42	36	37	38	29	40	41	42
43	44	45					43	44	45					43	44	45					43	44	45					43	44	45				

최근 5년 최초로 7주째 2수 미만 출현 패턴의 번호

*동행 최장 2수 미만 연속은 4주,
(10년 통계) 600회 이후 최장 2수 미만은 7주

— 1, 2, 3, 4, 5, 6, 7, 8, 9, 10, 11, 12, 13, 14(가로 1,2라인)

1,093회	1,092회	1,091회	1,090회	1,089회

1	2	3	4	5	6	7	1	2	3	4	5	6	7	1	2	3	4	5	6	7	1	2	3	4	5	6	7	1	2	3	4	5	6	7
8	9	10	11	12	13	14	8	9	10	11	12	13	14	8	9	10	11	12	13	14	8	9	10	11	12	13	14	8	9	10	11	12	13	14
15	16	17	18	19	20	21	15	16	17	18	19	20	21	15	16	17	18	19	20	21	15	16	17	18	19	20	21	15	16	17	18	19	20	21
22	23	24	25	26	27	28	22	23	24	25	26	27	28	22	23	24	25	26	27	28	22	23	24	25	26	27	28	22	23	24	25	26	27	28
29	30	31	32	33	34	35	29	30	31	32	33	34	35	29	30	31	32	33	34	35	29	30	31	32	33	34	35	29	30	31	32	33	34	35
36	37	38	29	40	41	42	36	37	38	29	40	41	42	36	37	38	29	40	41	42	36	37	38	29	40	41	42	36	37	38	29	40	41	42
43	44	45					43	44	45					43	44	45					43	44	45					43	44	45				

최근 출현이 약했던 가로 6라인 번호

— 36, 37, 38, 39, 40, 41, 42

1,093회

1	2	3	4	5	6	7
8	9	10	11	12	13	14
15	16	17	18	19	20	21
22	23	24	25	26	27	28
29	30	31	32	33	34	35
36	37	38	29	40	41	42
43	44	45				

1,092회

1	2	3	4	5	6	7
8	9	10	11	12	13	14
15	16	17	18	19	20	21
22	23	24	25	26	27	28
29	30	31	32	33	34	35
36	37	38	29	40	41	42
43	44	45				

1,091회

1	2	3	4	5	6	7
8	9	10	11	12	13	14
15	16	17	18	19	20	21
22	23	24	25	26	27	28
29	30	31	32	33	34	35
36	37	38	39	40	41	42
43	44	45				

1,090회

1	2	3	4	5	6	7
8	9	10	11	12	13	14
15	16	17	18	19	20	21
22	23	24	25	26	27	28
29	30	31	32	33	34	35
36	37	38	29	40	41	42
43	44	45				

1,089회

1	2	3	4	5	6	7
8	9	10	11	12	13	14
15	16	17	18	19	20	21
22	23	24	25	26	27	28
29	30	31	32	33	34	35
36	37	38	29	40	41	42
43	44	45				

대표적으로, 위의 3개의 패턴표 출현 특징을 발견했었다.

그럼 이번에는 3개의 패턴표 출현 특징을 표시해 보고 1094회 당첨번호인 6, 7, 15, 22, 26, 40번을 표기해서 확인해 보겠다.

1094회

1	2	3	4	5	6	7
8	9	10	11	12	13	14
15	16	17	18	19	20	21
22	23	24	25	26	27	28
29	30	31	32	33	34	35
36	37	38	29	40	41	42
43	44	45				

옆과 같이 패턴표 관심 구간 총 27수에서 당첨번호 5개와 보너스번호 41번까지 패턴표 관심 구간에서 출현한 것을 확인할 수 있다. 앞서 살펴본 이웃수가 없는 주요 구간 기법처럼 매주 꾸준히 활용하여 5등, 4등도 자주 하면서 로또 1등도 되시길 기원드린다.

미출기간표 관심 구간 활용

　이제 이번 책『로또9단 1등 조합기법』의 마지막 조합기법
인 미출기간표 관심 구간을 활용한 조합기법을 살펴볼 시간
이다.

　로또9단의 열혈팬분들과 오랜 독자분들은 잘 아시겠지만,
미출기간표 관심 구간을 활용한 기법은 로또9단의 가장 중
요한 기법으로 실제 1094회 1등 배출에 큰 도움이 되었던 기
법이다.

　몇 번을 강조했지만 이번 책인『로또9단 1등 조합기법』은
첫 번째 책인『로또9단 1등 분석기법』을 이미 숙지하고 있는
독자분들을 대상으로 하기 때문에 1권 분석기법과 내용 중
복이 없도록 하는 것이 중요하다. 따라서 미출기간표에 대한

설명은 첫 번째 책인『로또9단 1등 분석기법』의 PART6에 자세히 설명되어 있으므로 생략하도록 하겠다. 따라서 1권 분석기법에서 설명한 미출기간표의 주요 특징 외에 조합기법에서 활용 가능한 특징을 활용하여 1등 조합기법인 2차 조합기법을 활용해 보도록 하겠다.

미출기간표 1~15주차 구간에서 1등 당첨번호가 출현하는 확률은 평균적으로 80~90%에 이른다. 그렇기 때문에 이러한 통계를 알고 있는 우리는 앞으로 로또 조합을 할 때 미출기간표 1~15주차에 해당하는 번호들로만 조합을 해도 80~90%의 확률로 1등 당첨번호를 놓치지 않는 관심 구간을 설정할 수 있다. 물론 45개의 로또번호 중에서 15주 이내의 구간에 들어있는 번호가 많기 때문에 제외기법을 적절히 활용하여야 한다.

매주 분석을 하다 보면 로또 통계 흐름이 평균 통계를 기준으로 5주 이내 구간이 강해지는 회차가 있다. 5주 이내 구간에서 4수 이상의 출현 특징이 발생하는 회차를 우리는 '기회의 회차'라고 부른다.

5주 이내 구간이 강한 회차에서는 5주 이내의 번호 평균

23~26수 만으로도 5등, 4등은 물론 상위 당첨도 기대할 수 있고 실전에서도 고수님들은 많이들 활용하고 있다.

첫 번째 책인 『로또9단 1등 분석기법』에서도 강조했듯이 10주 이내 구간에서도 1등 당첨번호 6개는 자주 출현을 한다. 이렇게 10주 이내 구간이 강한 회차도 '기회의 회차'라 부른다. 그리고 지금까지 설명했던 내용들은 간략하게 요약하면 아래와 같다.

- 5주 이내 구간에서 4수 이상 출현 특징 강해진 회차 중요
- 10주 이내 구간에서 6수 출현 특징은 자주 출현
- 1~15주차 구간에서 80~90% 확률로 1등 번호 출현

지금까지 공부를 열심히 하신 독자분들은 'PART4의 공개방송 3편 출현 특징 활용편'에서 1094회의 주요 출현 특징 중에 아래의 출현 특징이 있었다는 것을 기억할 것이다.

1094회 공개방송 3편의 주요 출현 특징의 일부
- 미출기간표 통계
— 출현이 약했던 이월수 및 5주 이내 4수 이상 출현 특징

- 번호대별 출현 현황
— 단번대는 2수 이상 강한 출현 특징으로 진입
- 쌍수/광땡수 통계
— 최근 5주간 2수 이상 출현이 1회밖에 없으므로 총 8개의 쌍수/광때수 번호에서 출현 특징이 있다.

이제, 미출기간표의 출현 특징 3가지와 공개방송 3편의 주요 출현 특징을 최종 정리해서 조합을 해보면 아래와 같이 조합해 볼 수 있다.

1094회 1등 조합 추출

- 미출기간표 15주 이내의 번호로만 조합한다.
- 미출기간표 5주 이내 구간의 번호에서 4수 이상 조합한다.
- 단번대 2수 이상이 들어가도록 조합한다.
- 이월수가 포함 되도록 조합한다.
- 쌍수/광땡수가 포함 되도록 조합한다.
- 과출현 번호 등 제외수는 0개~2개만 포함되도록 조합한다.

실제 1094회에는 5주 이내 구간에서 5수 출현도 가능한 회차로 분석이 되어 실제 조합을 만들 때 5주 이내 번호에서 5수 이상 포함되도록 조합하는 전략도 사용했었다.

　그럼 아래의 1094회 미출기간표에서 당첨번호를 표시하여 앞의 1등 조합 추출 조건에 맞도록 나왔었는지 확인해 보자.

1094회						
1	10	17	22	30	35	43
2	7	18	19	26	33	45
3	6	20	23	24	28	
4	12	21	29	40		
5	4	31	37	42		
6	11	39	44			
7	13	14	34			
8	16	25	27	36		
9	38					
10	8					
11	3	15				
12	32					
13	1	9				
20	41					
23	2					
42	5					

(결론) 앞의 미출기간표에 표시된 1등 당첨번호 6개의 특징이 지금까지 공부했던 기준에 맞게 이월수, 단번대 2수, 5주 이내 4수 이상, 쌍수/광땡수, 15주 이내 1등 번호 6수 출현으로 나왔다는 것을 확인할 수 있다.

미출기간표 통계

900회

주차	번호					
1	8	19	20	21	33	39
2	**18**	28	**35**	37	42	
3	6	**7**	12	22	26	36
4	5	25	**38**	45		
5	**16**	31	41			
6	32	40	43			
7	1	15	17	23		
8	4	9				
9	**13**					
10	14	29				
11	3					
12	34					
13	27					
15	24					
17	44					
21	10					
22	2	11				
25	30					

901회

주차	번호					
1	7	13	16	**18**	35	38
2	8	19	**20**	21	33	39
3	28	37	42			
4	6	12	22	26	36	
5	**5**	25	45			
6	31	41				
7	32	40	43			
8	1	15	17	**23**		
9	4	9				
11	14	29				
12	3					
13	**34**					
14	27					
16	24					
18	44					
22	10					
23	2	11				
26	**30**					

902회

주차	번호					
1	5	18	20	**23**	30	34
2	**7**	13	16	35	38	
3	8	**19**	21	33	**39**	
4	28	37	42			
5	6	12	22	26	**36**	
6	25	45				
7	31	41				
8	32	40	43			
9	1	15	17			
10	4	9				
12	14	29				
13	3					
15	27					
17	**24**					
19	44					
23	10					
24	2	11				

903회

주차	번호					
1	7	19	23	24	36	39
2	5	18	20	30	34	
3	13	**16**	35	38		
4	8	**21**	33			
5	**28**	37	42			
6	6	12	**22**	26		
7	25	45				
8	31	41				
9	32	40	43			
10	1	**15**	17			
11	4	9				
13	14	29				
14	3					
16	27					
20	44					
24	10					
25	**2**	11				

904회

주차	번호					
1	**2**	15	16	21	22	28
2	7	19	23	24	36	39
3	5	18	20	30	34	
4	13	35	38			
5	**8**	33				
6	37	42				
7	**6**	12	**26**			
8	25	**45**				
9	31	41				
10	32	40	**43**			
11	1	17				
12	4	9				
14	14	29				
15	3					
17	27					
21	44					
25	10					
26	11					

905회

주차	번호					
1	2	6	8	26	43	45
2	15	**16**	21	22	28	
3	7	19	23	24	36	39
4	5	18	20	30	34	
5	13	35	**38**			
6	33					
7	37	42				
8	12					
9	25					
10	31	41				
11	32	**40**				
12	1	17				
13	**4**	9				
15	14	29				
16	**3**					
18	**27**					
22	44					
26	10					
27	11					

906회

주차	번호					
1	3	4	16	27	38	40
2	**2**	6	8	26	43	45
3	15	21	22	**28**		
4	7	19	23	24	36	39
5	**5**	18	20	30	34	
6	13	35				
7	33					
8	37	42				
9	12					
10	25					
11	**31**	41				
12	**32**					
13	1	17				
14	9					
16	**14**	29				
23	44					
27	10					
28	11					

907회

주차	번호					
1	2	5	14	28	31	32
2	3	4	16	**27**	**38**	**40**
3	6	8	26	43	45	
4	15	**21**	22			
5	7	19	23	24	36	39
6	18	20	30	34		
7	13	35				
8	33					
9	37	42				
10	12					
11	25					
12	41					
14	1	17				
15	9					
17	**29**					
24	**44**					
28	10					
29	11					

908회

주차	번호					
1	**21**	27	29	38	40	**44**
2	2	5	14	28	31	32
3	**3**	4	**16**			
4	6	8	26	43	45	
5	15	**22**				
6	7	19	**23**	24	36	39
7	18	20	30	34		
8	13	35				
9	33					
10	37	42				
11	12					
12	25					
13	41					
15	1	17				
16	9					
29	10					
30	11					

909회

주차	번호					
1	3	16	21	22	23	44
2	27	**29**	38	40		
3	2	5	14	28	31	32
4	4					
5	6	8	26	43	45	
6	15					
7	**7**	19	**24**	36	39	
8	18	20	**30**	**34**		
9	13	**35**				
10	33					
11	37	42				
12	12					
13	25					
14	41					
16	1	17				
17	9					
30	10					
31	11					

910회

주차	번호					
1	7	24	29	30	34	**35**
2	3	16	21	22	23	44
3	**27**	38	40			
4	2	5	14	28	31	32
5	4					
6	6	8	26	43	45	
7	15					
8	19	36	**39**			
9	18	20				
10	13					
11	33					
12	37	42				
13	12					
14	25					
15	41					
17	**1**	**17**				
18	9					
31	10					
32	**11**					

911회

주차	번호					
1	1	11	17	27	35	39
2	7	24	29	30	34	
3	3	16	21	22	23	44
4	38	40				
5	2	**5**	**14**	28	31	**32**
6	**4**					
7	6	8	26	43	45	
8	15					
9	19	36				
10	18	20				
11	13					
12	33					
13	37	**42**				
14	**12**					
15	25					
16	41					
19	9					
32	10					

912회

주차	번호					
1	4	5	12	14	32	42
2	1	11	17	27	35	39
3	7	24	29	30	34	
4	3	16	21	22	23	44
5	38	40				
6	2	28	31			
8	6	8	26	43	45	
9	15					
10	19	36				
11	18	20				
12	13					
13	33					
14	37					
16	25					
17	41					
20	9					
33	10					

913회

주차	번호					
1	5	8	18	21	22	38
2	4	12	14	32	42	
3	1	11	17	27	35	39
4	7	24	29	30	34	
5	3	16	23	44		
6	40					
7	2	28	31			
9	6	26	43	45		
10	15					
11	19	36				
12	20					
13	13					
14	33					
15	37					
17	25					
18	41					
21	9					
34	10					

914회

주차	번호					
1	6	14	16	21	27	37
2	5	8	18	22	38	
3	4	12	32	42		
4	1	11	17	35	39	
5	7	24	29	30	34	
6	3	23	44			
7	40					
8	2	28	31			
10	26	43	45			
11	15					
12	19	36				
13	20					
14	13					
15	33					
18	25					
19	41					
22	9					
35	10					

915회						
주차	번호					
1	16	19	24	33	42	44
2	6	14	21	27	37	
3	5	8	18	22	38	
4	4	12	32			
5	1	11	17	35	39	
6	7	29	30	34		
7	3	23				
8	40					
9	2	28	31			
11	26	43	45			
12	15					
13	36					
14	20					
15	13					
19	25					
20	41					
23	9					
36	10					

916회						
주차	번호					
1	2	6	11	13	22	37
2	16	19	24	33	42	44
3	14	21	27			
4	5	8	18	38		
5	4	12	32			
6	1	17	35	39		
7	7	29	30	34		
8	3	23				
9	40					
10	28	31				
12	26	43	45			
13	15					
14	36					
15	20					
20	25					
21	41					
24	9					
37	10					

917회						
주차	번호					
1	6	21	22	32	35	36
2	2	11	13	37		
3	16	19	24	33	42	44
4	14	27				
5	5	8	18	38		
6	4	12				
7	1	17	39			
8	7	29	30	34		
9	3	23				
10	40					
11	28	31				
13	26	43	45			
14	15					
16	20					
21	25					
22	41					
25	9					
38	10					

918회

주차	번호					
1	1	3	23	24	27	43
2	6	21	22	32	35	36
3	2	**11**	13	37		
4	16	19	**33**	42	44	
5	14					
6	5	8	18	**38**		
7	4	**12**				
8	17	39				
9	**7**	29	30	34		
11	40					
12	28	**31**				
14	26	45				
15	15					
17	20					
22	25					
23	41					
26	9					
39	10					

919회

주차	번호					
1	7	11	12	31	33	38
2	1	3	23	24	27	43
3	6	21	22	32	35	36
4	2	13	37			
5	16	19	**42**	**44**		
6	**14**					
7	5	8	**18**			
8	4					
9	**17**	39				
10	29	30	34			
12	40					
13	28					
15	26	45				
16	15					
18	20					
23	25					
24	41					
27	**9**					
40	10					

920회

주차	번호					
1	9	14	17	18	42	44
2	7	11	12	31	**33**	38
3	1	**3**	23	24	27	**43**
4	6	21	22	32	35	36
5	**2**	13	37			
6	16	19				
8	5	8				
9	4					
10	39					
11	29	30	**34**			
13	40					
14	28					
16	**26**	45				
17	15					
19	20					
24	25					
25	41					
41	10					

921회

주차	번호					
1	2	3	26	33	34	43
2	9	14	17	18	42	44
3	**7**	11	**12**	31	38	
4	1	23	24	27		
5	6	21	**22**	32	35	36
6	13	37				
7	16	19				
9	**5**	8				
10	4					
11	39					
12	29	30				
14	40					
15	**28**					
17	45					
18	15					
20	20					
25	25					
26	**41**					
42	10					

922회

주차	번호					
1	5	7	12	22	28	41
2	**2**	3	26	33	34	**43**
3	9	14	**17**	18	42	44
4	11	31	38			
5	1	23	24	**27**		
6	**6**	21	32	35	36	
7	**13**	37				
8	16	19				
10	8					
11	4					
12	39					
13	29	30				
15	40					
18	45					
19	15					
21	20					
26	25					
43	10					

923회

주차	번호					
1	2	6	13	**17**	27	43
2	5	7	12	22	28	**41**
3	**3**	26	33	34		
4	9	14	**18**	42	44	
5	11	31	38			
6	1	**23**	24			
7	21	32	35	**36**		
8	37					
9	16	19				
11	8					
12	4					
13	39					
14	29	30				
16	40					
19	45					
20	15					
22	20					
27	25					
44	10					

주차	번호					
1	**3**	17	18	23	36	41
2	2	6	13	27	**43**	
3	5	7	12	22	28	
4	26	33	**34**			
5	9	14	**42**	**44**		
6	**11**	31	38			
7	1	24				
8	21	32	35			
9	37					
10	16	19				
12	8					
13	4					
14	39					
15	29	30				
17	40					
20	45					
21	15					
23	20					
28	25					
45	10					

924회

주차	번호					
1	3	11	**34**	**42**	43	44
2	17	18	23	36	41	
3	2	6	**13**	27		
4	5	7	12	22	28	
5	26	33				
6	9	14				
7	31	38				
8	1	**24**				
9	21	**32**	35			
10	37					
11	16	19				
13	8					
14	4					
15	**39**					
16	29	30				
18	40					
21	45					
22	15					
24	20					
29	25					
46	10					

925회

주차	번호					
1	13	24	32	34	39	42
2	3	11	43	44		
3	17	**18**	23	36	41	
4	2	6	27			
5	5	7	12	22	28	
6	26	33				
7	9	14				
8	**31**	38				
9	1					
10	21	35				
11	37					
12	**16**	19				
14	8					
15	4					
17	29	30				
19	40					
22	45					
23	15					
25	**20**					
30	**25**					
47	**10**					

926회

927회

주차	번호					
1	10	16	18	20	25	31
2	13	24	32	34	39	42
3	3	11	**43**	44		
4	17	23	36	**41**		
5	2	6	27			
6	5	7	12	**22**	28	
7	26	33				
8	9	14				
9	**38**					
10	1					
11	21	35				
12	37					
13	19					
15	8					
16	**4**					
18	29	30				
20	40					
23	45					
24	**15**					

928회

주차	번호					
1	**4**	15	22	38	41	43
2	**10**	16	18	**20**	25	31
3	13	24	32	34	39	42
4	**3**	11	**44**			
5	17	23	36			
6	2	6	27			
7	5	7	12	**28**		
8	26	33				
9	9	14				
11	1					
12	21	35				
13	37					
14	19					
16	8					
19	29	30				
21	40					
24	45					

929회

주차	번호					
1	3	4	10	20	28	44
2	**15**	22	38	41	43	
3	16	18	25	31		
4	13	24	32	34	39	42
5	11					
6	17	**23**	36			
7	2	6	27			
8	5	**7**	**12**			
9	26	33				
10	**9**	14				
12	1					
13	21	35				
14	37					
15	**19**					
17	8					
20	29	30				
22	40					
25	45					

930회

주차	번호					
1	7	9	12	15	19	23
2	3	4	10	20	28	**44**
3	22	**38**	41	43		
4	16	18	**25**	31		
5	13	24	32	34	**39**	42
6	11					
7	17	36				
8	2	6	27			
9	5					
10	26	33				
11	14					
13	1					
14	**21**	35				
15	37					
18	**8**					
21	29	30				
23	40					
26	45					

931회

주차	번호					
1	8	21	**25**	38	39	44
2	7	9	12	**15**	19	**23**
3	3	4	10	20	28	
4	22	41	**43**			
5	16	18	31			
6	13	24	32	34	42	
7	11					
8	17	36				
9	2	6	27			
10	5					
11	26	33				
12	**14**					
14	1					
15	**35**					
16	37					
22	29	30				
24	40					
27	45					

932회

주차	번호					
1	14	**15**	23	25	35	43
2	8	21	**38**	39	44	
3	7	9	12	19		
4	3	4	10	20	28	
5	22	41				
6	16	18	31			
7	13	24	32	34	42	
8	11					
9	17	**36**				
10	2	**6**	27			
11	5					
12	26	33				
15	**1**					
17	**37**					
23	29	30				
25	40					
28	45					

주차	번호					
			933회			
1	1	6	15	**36**	37	38
2	14	**23**	25	35	43	
3	8	21	39	44		
4	7	9	12	19		
5	3	4	10	20	28	
6	22	41				
7	16	18	**31**			
8	13	24	32	34	42	
9	11					
10	17					
11	2	**27**				
12	5					
13	26	33				
24	**29**	30				
26	40					
29	**45**					

주차	번호					
			934회			
1	23	27	29	31	**36**	45
2	**1**	6	15	37	38	
3	14	25	35	43		
4	8	21	**39**	44		
5	7	9	12	19		
6	**3**	4	10	20	28	
7	22	41				
8	16	18				
9	13	24	32	34	42	
10	11					
11	17					
12	2					
13	5					
14	26	**33**				
25	**30**					
27	40					

주차	번호					
			935회			
1	1	3	30	33	36	39
2	23	27	29	31	45	
3	6	15	37	**38**		
4	14	25	35	43		
5	8	21	**44**			
6	7	9	12	19		
7	**4**	**10**	**20**	28		
8	22	41				
9	16	18				
10	13	24	**32**	34	42	
11	11					
12	17					
13	2					
14	5					
15	26					
28	40					

171

936회

주차	번호					
1	4	10	20	32	38	44
2	1	3	30	33	36	39
3	23	27	**29**	31	45	
4	6	15	37			
5	14	25	35	43		
6	8	21				
7	**7**	9	12	19		
8	28					
9	22	41				
10	16	**18**				
11	**13**	24	34	42		
12	**11**					
13	**17**					
14	2					
15	5					
16	26					
29	40					

937회

주차	번호					
1	7	11	**13**	17	18	**29**
2	4	**10**	20	32	38	44
3	1	3	30	33	36	39
4	23	27	31	45		
5	6	15	37			
6	14	25	35	43		
7	8	21				
8	9	12	19			
9	28					
10	**22**	41				
11	16					
12	24	34	42			
15	**2**					
16	5					
17	26					
30	**40**					

938회

주차	번호					
1	2	**10**	13	22	29	40
2	7	11	17	18		
3	**4**	20	32	38	44	
4	1	3	30	33	**36**	39
5	23	27	**31**	45		
6	6	15	37			
7	14	25	35	43		
8	**8**	21				
9	9	12	19			
10	28					
11	41					
12	**16**					
13	24	34	42			
17	5					
18	26					

주차	번호					
	939회					
1	**4**	8	10	16	31	36
2	2	13	22	29	40	
3	7	**11**	17	18		
4	20	32	38	44		
5	1	3	30	33	**39**	
6	23	27	**45**			
7	6	15	37			
8	14	25	35	43		
9	21					
10	9	12	19			
11	**28**					
12	41					
14	24	34	**42**			
18	5					
19	26					

주차	번호					
	940회					
1	4	11	28	39	42	45
2	8	10	16	31	36	
3	2	13	**22**	29	40	
4	7	17	18			
5	**20**	32	38	44		
6	1	**3**	30	33		
7	23	27				
8	6	**15**	37			
9	14	25	35	43		
10	21					
11	9	12	19			
13	**41**					
15	**24**	34				
19	5					
20	26					

주차	번호					
	941회					
1	3	15	20	22	24	41
2	4	11	28	**39**	42	45
3	8	10	16	31	36	
4	2	13	29	**40**		
5	7	17	18			
6	32	38	44			
7	1	30	33			
8	23	**27**				
9	6	37				
10	**14**	**25**	35	43		
11	21					
12	9	**12**	19			
16	34					
20	5					
21	26					

942회

주차	번호					
1	**12**	14	25	27	39	40
2	3	15	20	22	24	41
3	4	11	28	**42**	45	
4	8	**10**	16	31	36	
5	2	13	29			
6	7	17	**18**			
7	32	38	44			
8	1	30	33			
9	23					
10	6	37				
11	**35**	**43**				
12	21					
13	9	19				
17	34					
21	5					
22	26					

943회

주차	번호					
1	10	12	18	35	42	43
2	14	25	27	39	40	
3	3	15	20	22	24	41
4	4	11	28	**45**		
5	**8**	16	31	**36**		
6	2	**13**	29			
7	7	17				
8	32	38	**44**			
9	**1**	30	33			
10	23					
11	6	37				
13	21					
14	9	19				
18	34					
22	5					
23	26					

944회

주차	번호					
1	1	8	**13**	36	44	45
2	10	12	18	35	42	43
3	14	25	27	39	40	
4	3	15	20	22	24	41
5	4	11	28			
6	**16**	31				
7	**2**	29				
8	7	17				
9	**32**	38				
10	30	**33**				
11	23					
12	6	37				
14	21					
15	9	**19**				
19	34					
23	5					
24	26					

945회

주차	번호					
1	2	13	16	19	32	**33**
2	1	8	36	44	45	
3	**10**	12	18	35	42	43
4	14	25	27	39	40	
5	3	**15**	20	22	24	41
6	4	11	28			
7	31					
8	29					
9	7	17				
10	38					
11	**30**					
12	23					
13	6	**37**				
15	21					
16	**9**					
20	34					
24	5					
25	26					

946회

주차	번호					
1	**9**	10	15	**30**	33	37
2	2	13	16	**19**	32	
3	1	8	36	44	45	
4	12	**18**	35	42	43	
5	14	25	27	39	**40**	
6	3	20	22	24	41	
7	4	11	28			
8	31					
9	29					
10	7	17				
11	38					
13	23					
14	6					
16	21					
21	**34**					
25	5					
26	26					

947회

주차	번호					
1	9	18	19	30	34	40
2	10	15	33	37		
3	2	13	16	32		
4	1	**8**	36	44	45	
5	12	**35**	42	43		
6	14	25	**27**	39		
7	**3**	**20**	22	24	41	
8	4	11	28			
9	31					
10	29					
11	7	**17**				
12	38					
14	23					
15	6					
17	21					
26	5					
27	26					

주차	번호					
1	3	8	17	20	27	35
2	9	**18**	19	**30**	34	40
3	10	15	33	37		
4	2	**13**	16	32		
5	1	36	44	45		
6	12	42	43			
7	14	25	39			
8	22	24	**41**			
9	4	11	28			
10	**31**					
11	29					
12	7					
13	**38**					
15	23					
16	6					
18	21					
27	5					
28	26					

948회

주차	번호					
1	13	18	30	31	38	41
2	3	8	17	20	27	**35**
3	9	19	34	**40**		
4	10	15	33	37		
5	2	16	32			
6	1	**36**	**44**	45		
7	12	42	43			
8	**14**	25	39			
9	22	24				
10	4	11	28			
12	29					
13	7					
16	23					
17	6					
19	**21**					
28	5					
29	26					

949회

주차	번호					
1	14	21	35	36	**40**	44
2	13	18	30	31	38	41
3	**3**	8	17	20	27	
4	9	19	34			
5	10	**15**	33	37		
6	2	16	32			
7	1	45				
8	12	42	43			
9	25	39				
10	**22**	24				
11	**4**	11	**28**			
13	29					
14	7					
17	23					
18	6					
29	5					
30	26					

950회

주차	번호					
951회						
1	3	4	15	22	28	40
2	14	21	35	36	44	
3	13	18	**30**	**31**	38	41
4	8	17	20	27		
5	9	19	34			
6	10	33	37			
7	**2**	16	32			
8	1	45				
9	**12**	42	**43**			
10	25	**39**				
11	24					
12	11					
14	29					
15	7					
18	23					
19	6					
30	5					
31	26					

주차	번호					
952회						
1	2	**12**	30	31	39	43
2	3	**4**	15	**22**	28	40
3	14	21	35	36	44	
4	13	18	38	**41**		
5	8	17	20	27		
6	9	19	34			
7	10	**33**	37			
8	16	32				
9	1	45				
10	42					
11	25					
12	**24**					
13	11					
15	29					
16	7					
19	23					
20	6					
31	5					
32	26					

주차	번호					
953회						
1	4	12	**22**	24	33	41
2	2	30	31	39	43	
3	3	15	28	40		
4	14	21	35	36	44	
5	13	18	38			
6	8	17	20	**27**		
7	**9**	19	34			
8	10	**37**				
9	16	32				
10	1	45				
11	**42**					
12	25					
14	11					
16	29					
17	**7**					
20	23					
21	6					
32	5					
33	26					

954회

주차	번호					
1	7	**9**	22	27	37	42
2	4	12	24	33	**41**	
3	2	**30**	31	39	43	
4	3	15	**28**	40		
5	14	21	35	36	44	
6	13	18	38			
7	8	17	20			
8	19	34				
9	10					
10	16	32				
11	**1**	45				
13	25					
15	11					
17	29					
21	23					
22	6					
33	5					
34	**26**					

955회

주차	번호					
1	1	**9**	**26**	28	30	41
2	7	22	27	37	42	
3	**4**	12	24	**33**		
4	2	31	39	43		
5	3	15	40			
6	14	21	35	36	44	
7	13	18	38			
8	8	17	20			
9	19	34				
10	10					
11	16	32				
12	45					
14	25					
16	11					
18	**29**					
22	**23**					
23	6					
34	5					

956회

주차	번호					
1	4	9	23	26	29	33
2	1	28	30	**41**		
3	7	22	27	37	42	
4	12	24				
5	2	31	39	43		
6	3	15	40			
7	14	**21**	35	36	44	
8	13	18	38			
9	8	17	**20**			
10	19	34				
11	**10**					
12	16	32				
13	45					
15	**25**					
17	**11**					
24	6					
35	5					

957회 주차	번호					
1	10	11	20	21	25	41
2	**4**	9	23	26	29	33
3	1	28	30			
4	7	22	27	37	42	
5	12	**24**				
6	2	31	39	43		
7	3	**15**	**40**			
8	14	**35**	**36**	44		
9	13	18	38			
10	8	17				
11	19	34				
13	16	32				
14	45					
25	6					
36	5					

958회 주차	번호					
1	4	15	24	**35**	36	40
2	**10**	11	20	21	25	41
3	**9**	23	26	29	33	
4	1	28	30			
5	7	22	27	**37**	42	
6	12					
7	**2**	31	39	43		
8	3					
9	14	44				
10	13	18	38			
11	8	17				
12	19	34				
14	**16**	32				
15	45					
26	6					
37	5					

959회 주차	번호					
1	2	9	10	16	35	37
2	4	**15**	**24**	36	**40**	
3	11	20	21	25	**41**	
4	23	26	29	33		
5	**1**	28	30			
6	7	22	27	42		
7	12					
8	31	39	43			
9	3					
10	**14**	44				
11	13	18	38			
12	8	17				
13	19	34				
15	32					
16	45					
27	6					
38	5					

960회

주차	번호					
1	1	14	15	**24**	40	41
2	**2**	9	10	16	35	37
3	4	36				
4	11	20	21	25		
5	23	26	29	33		
6	28	**30**				
7	7	22	27	42		
8	12					
9	31	39	43			
10	3					
11	44					
12	13	**18**	38			
13	8	17				
14	19	34				
16	**32**					
17	**45**					
28	6					
39	5					

961회

주차	번호					
1	2	18	24	30	32	45
2	1	14	15	40	41	
3	9	10	16	35	37	
4	4	36				
5	**11**	**20**	21	25		
6	23	26	**29**	**33**		
7	28					
8	7	22	27	**42**		
9	12					
10	**31**	39	43			
11	3					
12	44					
13	13	38				
14	8	17				
15	19	34				
29	6					
40	5					

962회

주차	번호					
1	11	20	29	**31**	33	42
2	2	**18**	24	30	32	45
3	**1**	14	15	40	41	
4	9	10	16	35	37	
5	4	36				
6	21	25				
7	23	26				
8	**28**					
9	7	22	27			
10	12					
11	39	**43**				
12	3					
13	44					
14	13	38				
15	8	17				
16	19	**34**				
30	6					
41	5					

963회

주차	번호					
1	1	18	28	31	**34**	43
2	11	20	29	33	**42**	
3	2	24	30	32	45	
4	14	15	40	41		
5	9	10	16	35	37	
6	4	36				
7	21	25				
8	**23**	26				
10	7	22	27			
11	**12**					
12	39					
13	3					
14	44					
15	13	38				
16	8	17				
17	**19**					
31	**6**					
42	5					

964회

주차	번호					
1	6	**12**	19	23	34	42
2	1	18	28	31	**43**	
3	11	20	29	33		
4	2	24	30	32	45	
5	14	15	40	41		
6	9	10	16	35	37	
7	4	**36**				
8	**21**	25				
9	26					
11	7	22	27			
13	**39**					
14	3					
15	44					
16	13	**38**				
17	8	17				
43	5					

965회

주차	번호					
1	6	21	**36**	38	39	43
2	12	19	23	34	42	
3	1	18	**28**	31		
4	11	20	**29**	33		
5	**2**	24	30	32	45	
6	14	15	40	41		
7	9	10	16	35	37	
8	4					
9	**25**					
10	26					
12	7	22	27			
15	3					
16	44					
17	**13**					
18	8	17				
44	5					

966회

주차	번호					
1	2	13	**25**	28	**29**	36
2	6	**21**	38	39	43	
3	12	19	23	**34**	42	
4	**1**	18	31			
5	11	20	33			
6	24	30	32	45		
7	14	15	40	41		
8	9	10	16	35	**37**	
9	4					
11	26					
13	7	22	27			
16	3					
17	44					
19	8	17				
45	5					

967회

주차	번호					
1	**1**	21	25	29	34	**37**
2	2	**13**	28	36		
3	**6**	**38**	39	43		
4	12	19	23	42		
5	18	31				
6	11	20	33			
7	24	30	32	45		
8	14	15	**40**	41		
9	9	10	16	35		
10	4					
12	26					
14	7	22	27			
17	3					
18	44					
20	8	17				
46	5					

968회

주차	번호					
1	1	6	13	37	38	40
2	21	25	29	34		
3	**2**	28	36			
4	**39**	43				
5	**12**	19	23	42		
6	18	31				
7	11	20	33			
8	**24**	30	32	45		
9	**14**	15	41			
10	9	10	16	35		
11	4					
13	26					
15	7	22	27			
18	3					
19	44					
21	8	17				
47	**5**					

969회

주차	번호					
1	2	5	12	14	24	39
2	1	6	13	37	38	**40**
3	21	25	**29**	34		
4	28	36				
5	43					
6	19	23	42			
7	18	31				
8	11	20	33			
9	30	32	**45**			
10	15	41				
11	**9**	**10**	16	35		
12	4					
14	26					
16	7	22	27			
19	**3**					
20	44					
22	8	17				

970회

주차	번호					
1	3	**9**	10	29	40	45
2	2	5	12	14	24	39
3	1	6	13	37	38	
4	**21**	25	34			
5	**28**	**36**				
6	43					
7	19	23	42			
8	18	31				
9	**11**	20	33			
10	30	32				
11	15	41				
12	**16**	35				
13	4					
15	26					
17	7	22	27			
21	44					
23	8	17				

971회

주차	번호					
1	9	11	16	**21**	28	36
2	3	10	29	40	45	
3	**2**	5	12	14	24	39
4	1	**6**	13	37	38	
5	25	34				
7	43					
8	19	23	42			
9	**18**	31				
10	20	33				
11	30	32				
12	15	41				
13	35					
14	4					
16	**26**					
18	7	22	27			
22	44					
24	8	**17**				

972회

주차	번호					
1	2	**6**	**17**	18	21	26
2	9	11	16	28	36	
3	**3**	10	29	40	45	
4	5	12	14	24	**39**	
5	1	13	**37**	38		
6	25	34				
8	43					
9	19	**23**	42			
10	31					
11	20	33				
12	30	32				
13	15	41				
14	35					
15	4					
19	7	22	27			
23	44					
25	8					

973회

주차	번호					
1	3	6	17	23	**37**	39
2	2	18	21	**26**		
3	9	11	16	28	36	
4	10	29	40	45		
5	5	12	14	24		
6	1	13	38			
7	25	34				
9	43					
10	19	**42**				
11	**31**					
12	20	33				
13	30	32				
14	15	**41**				
15	35					
16	4					
20	7	**22**	27			
24	44					
26	8					

974회

주차	번호					
1	22	26	31	37	41	42
2	3	6	17	23	**39**	
3	**2**	18	21			
4	9	**11**	**16**	28	36	
5	10	29	40	45		
6	5	12	14	24		
7	**1**	13	38			
8	25	34				
10	43					
11	19					
13	20	33				
14	30	32				
15	15					
16	35					
17	4					
21	7	27				
25	**44**					
27	8					

주차	번호					
			975회			
1	1	2	11	16	39	44
2	**22**	26	31	37	41	42
3	3	6	**17**	23		
4	18	21				
5	**9**	28	36			
6	10	29	40	45		
7	5	12	14	**24**		
8	13	38				
9	25	34				
11	43					
12	19					
14	20	33				
15	30	32				
16	15					
17	35					
18	4					
22	**7**	27				
28	**8**					

주차	번호					
			976회			
1	7	8	9	17	22	24
2	1	2	11	16	39	44
3	26	31	**37**	41	42	
4	3	6	23			
5	18	21				
6	28	36				
7	10	29	40	45		
8	5	**12**	**14**			
9	13	38				
10	**25**	34				
12	43					
13	19					
15	20	33				
16	30	32				
17	15					
18	**35**					
19	**4**					
23	27					

주차	번호					
			977회			
1	4	12	**14**	25	35	37
2	7	8	**9**	17	**22**	24
3	1	**2**	11	16	39	**44**
4	26	31	41	42		
5	3	6	23			
6	18	21				
7	28	36				
8	**10**	29	40	45		
9	5					
10	13	38				
11	34					
13	43					
14	19					
16	20	33				
17	30	32				
18	15					
24	27					

978회

주차	번호					
1	2	9	10	14	22	44
2	4	12	25	35	37	
3	7	8	17	24		
4	1	11	16	39		
5	26	31	41	42		
6	3	6	23			
7	18	21				
8	28	36				
9	29	40	45			
10	5					
11	13	38				
12	34					
14	43					
15	19					
17	20	33				
18	30	32				
19	15					
25	27					

979회

주차	번호					
1	1	7	15	32	34	42
2	2	9	10	14	22	44
3	4	12	25	35	37	
4	8	17	24			
5	11	16	39			
6	26	31	41			
7	3	6	23			
8	18	21				
9	28	36				
10	29	40	45			
11	5					
12	13	38				
15	43					
16	19					
18	20	33				
19	30					
26	27					

980회

주차	번호					
1	7	11	16	21	27	33
2	1	15	32	34	42	
3	2	9	10	14	22	44
4	4	12	25	35	37	
5	8	17	24			
6	39					
7	26	31	41			
8	3	6	23			
9	18					
10	28	36				
11	29	40	45			
12	5					
13	13	38				
16	43					
17	19					
19	20					
20	30					

주차	번호					
	981회					
1	3	13	16	23	24	35
2	7	11	21	**27**	33	
3	1	15	32	34	42	
4	2	9	10	14	22	44
5	4	12	25	**37**		
6	8	17				
7	39					
8	26	31	**41**			
9	6					
10	18					
11	28	**36**				
12	29	40	**45**			
13	5					
14	38					
17	**43**					
18	19					
20	20					
21	30					

주차	번호					
	982회					
1	27	36	37	41	43	45
2	3	**13**	16	23	24	35
3	**7**	11	**21**	33		
4	1	15	32	34	42	
5	2	9	10	14	22	**44**
6	4	12	25			
7	8	17				
8	39					
9	26	31				
10	6					
11	18					
12	28					
13	29	40				
14	**5**					
15	38					
19	19					
21	**20**					
22	30					

주차	번호					
	983회					
1	5	7	**13**	20	21	44
2	27	36	37	41	**43**	45
3	3	16	**23**	24	**35**	
4	11	33				
5	1	15	32	34	42	
6	2	9	10	14	22	
7	4	12	25			
8	8	17				
9	39					
10	**26**	**31**				
11	6					
12	18					
13	28					
14	29	40				
16	38					
20	19					
23	30					

984회

주차	번호					
1	13	**23**	26	31	**35**	43
2	5	7	20	21	44	
3	27	**36**	**37**	41	45	
4	**3**	16	24			
5	11	33				
6	1	15	32	34	42	
7	2	9	**10**	14	22	
8	4	12	25			
9	8	17				
10	39					
12	6					
13	18					
14	28					
15	29	40				
17	38					
21	19					
24	30					

985회

주차	번호					
1	3	10	**23**	35	36	37
2	13	26	31	43		
3	5	7	20	**21**	**44**	
4	27	41	45			
5	16	24				
6	11	33				
7	1	15	32	**34**	42	
8	2	9	14	22		
9	4	12	25			
10	8	**17**				
11	39					
13	6					
14	18					
15	28					
16	29	40				
18	38					
22	19					
25	**30**					

986회

주차	번호					
1	17	21	23	30	34	44
2	3	**10**	35	36	37	
3	13	26	31	43		
4	5	**7**	20			
5	27	**41**	45			
6	**16**	24				
7	11	33				
8	1	15	32	**42**		
9	2	9	14	22		
10	4	12	25			
11	8					
12	39					
14	6					
15	18					
16	**28**					
17	29	40				
19	38					
23	19					

987회

주차	번호					
1	7	10	16	28	41	42
2	17	21	**23**	30	34	44
3	3	35	36	37		
4	13	26	31	43		
5	5	20				
6	27	45				
7	24					
8	11	33				
9	1	**15**	32			
10	**2**	9	14	22		
11	**4**	12	25			
12	8					
13	39					
15	6					
16	18					
18	**29**	40				
20	**38**					
24	19					

988회

주차	번호					
1	**2**	4	15	23	29	38
2	7	10	16	28	**41**	42
3	17	21	**30**	34	44	
4	3	35	36	37		
5	**13**	26	**31**	43		
6	5	**20**				
7	27	45				
8	24					
9	11	33				
10	1	32				
11	9	14	22			
12	12	25				
13	8					
14	39					
16	6					
17	18					
19	40					
25	19					

989회

주차	번호					
1	2	13	20	30	31	41
2	4	15	23	**29**	38	
3	7	10	16	28	42	
4	**17**	**21**	34	44		
5	3	35	36	37		
6	26	43				
7	5					
8	**27**	45				
9	24					
10	11	**33**				
11	1	32				
12	9	14	22			
13	12	25				
14	8					
15	39					
17	6					
18	**18**					
20	40					
26	19					

990회

주차	번호					
1	17	18	21	27	29	33
2	**2**	13	20	30	31	41
3	**4**	15	23	38		
4	7	10	16	28	42	
5	34	44				
6	3	35	**36**	**37**		
7	**26**	43				
8	5					
9	45					
10	24					
11	11					
12	1	32				
13	9	14	22			
14	12	**25**				
15	8					
16	39					
18	6					
21	40					
27	19					

991회

주차	번호					
1	2	4	**25**	26	36	37
2	17	**18**	21	27	29	**33**
3	**13**	20	30	**31**	41	
4	15	23	38			
5	7	10	16	28	42	
6	34	**44**				
7	3	35				
8	43					
9	5					
10	45					
11	24					
12	11					
13	1	32				
14	9	14	22			
15	12					
16	8					
17	39					
19	6					
22	40					
28	19					

992회

주차	번호					
1	13	18	25	31	**33**	**44**
2	2	4	**26**	36	37	
3	17	21	27	29		
4	**20**	30	41			
5	15	23	38			
6	7	10	16	28	42	
7	34					
8	3	35				
9	43					
10	5					
11	**45**					
12	24					
13	11					
14	1	32				
15	9	14	22			
16	**12**					
17	8					
18	39					
20	6					
23	40					
29	19					

993회

주차	번호					
1	12	20	26	33	44	45
2	13	**18**	25	31		
3	2	4	36	37		
4	17	21	27	29		
5	30	41				
6	15	23	38			
7	7	10	**16**	28	**42**	
8	34					
9	3	35				
10	43					
11	5					
13	**24**					
14	11					
15	1	32				
16	9	**14**	22			
18	8					
19	39					
21	**6**					
24	40					
30	19					

994회

주차	번호					
1	6	14	16	18	**24**	42
2	12	20	26	33	44	45
3	13	25	31			
4	2	4	36	37		
5	17	21	**27**	29		
6	30	41				
7	15	23	38			
8	7	10	28			
9	34					
10	**3**	**35**				
11	43					
12	5					
15	11					
16	**1**	32				
17	9	22				
19	**8**					
20	39					
25	40					
31	19					

995회

주차	번호					
1	**1**	3	8	24	27	35
2	6	14	16	18	42	
3	12	20	26	33	44	45
4	**13**	25	31			
5	2	**4**	36	37		
6	17	21	**29**			
7	30	41				
8	15	23	**38**			
9	7	10	28			
10	34					
12	43					
13	5					
16	11					
17	32					
18	9	22				
21	**39**					
26	40					
32	19					

주차	번호					
996회						
1	1	4	13	29	38	**39**
2	3	8	**24**	27	35	
3	**6**	14	16	18	42	
4	12	20	26	33	44	45
5	25	31				
6	2	36	37			
7	17	21				
8	30	41				
9	**15**	23				
10	7	10	28			
11	34					
13	43					
14	5					
17	**11**					
18	**32**					
19	9	22				
27	40					
33	19					

주차	번호					
997회						
1	6	11	15	**24**	32	39
2	1	**4**	13	29	38	
3	3	8	27	35		
4	**14**	**16**	18	42		
5	12	20	26	33	**44**	45
6	25	31				
7	2	36	37			
8	17	21				
9	30	41				
10	23					
11	**7**	10	28			
12	34					
14	43					
15	5					
20	9	22				
28	40					
34	19					

주차	번호					
998회						
1	4	7	14	16	24	44
2	6	11	15	32	39	
3	1	**13**	29	38		
4	3	8	27	35		
5	**18**	**42**				
6	12	**20**	26	33	**45**	
7	25	31				
8	2	36	37			
9	**17**	21				
10	30	41				
11	23					
12	10	28				
13	34					
15	43					
16	5					
21	9	22				
29	40					
35	19					

999회

주차	번호					
1	13	17	**18**	20	42	45
2	4	7	**14**	16	24	44
3	6	11	15	32	39	
4	**1**	29	38			
5	**3**	8	27	35		
7	12	26	33			
8	25	31				
9	2	36	37			
10	21					
11	30	41				
12	23					
13	10	**28**				
14	34					
16	43					
17	5					
22	**9**	22				
30	40					
36	19					

1000회

주차	번호					
1	1	3	9	14	18	28
2	13	17	20	**42**	45	
3	4	7	16	24	44	
4	6	11	15	**32**	39	
5	29	38				
6	**8**	27	35			
8	12	26	33			
9	25	31				
10	**2**	36	37			
11	21					
12	30	41				
13	23					
14	10					
15	34					
17	43					
18	5					
23	**22**					
31	40					
37	**19**					

1001회

주차	번호					
1	2	8	19	22	32	**42**
2	1	3	9	**14**	18	28
3	13	17	**20**	45		
4	4	7	16	24	44	
5	**6**	11	15	39		
6	29	38				
7	27	35				
9	**12**	26	33			
10	25	31				
11	36	37				
12	21					
13	30	41				
14	23					
15	**10**					
16	34					
18	43					
19	5					
32	40					

1002회

주차	번호					
1	6	10	12	14	20	42
2	2	8	19	22	32	
3	1	3	9	18	28	
4	13	**17**	**45**			
5	4	7	16	24	44	
6	11	15	39			
7	29	**38**				
8	27	**35**				
10	26	**33**				
11	**25**	31				
12	36	37				
13	21					
14	30	41				
15	23					
17	34					
19	43					
20	5					
33	40					

1003회

주차	번호					
1	17	25	33	35	38	**45**
2	6	10	12	14	20	42
3	2	8	19	22	32	
4	**1**	3	9	18	28	
5	13					
6	**4**	7	16	24	44	
7	11	15	**39**			
8	**29**					
9	27					
11	26					
12	31					
13	36	37				
14	21					
15	30	41				
16	23					
18	34					
20	**43**					
21	5					
34	40					

1004회

주차	번호					
1	1	4	29	**39**	43	45
2	17	25	33	35	38	
3	6	10	12	14	20	42
4	2	8	19	22	32	
5	3	9	18	28		
6	13					
7	**7**	16	24	**44**		
8	11	**15**				
10	27					
12	26					
13	31					
14	36	**37**				
15	21					
16	**30**	41				
17	23					
19	34					
22	5					
35	40					

1005회

주차	번호					
1	7	15	30	37	39	44
2	1	4	**29**	43	45	
3	17	25	33	35	38	
4	6	10	12	14	20	42
5	2	**8**	19	22	32	
6	3	9	**18**	28		
7	**13**					
8	16	**24**				
9	11					
11	**27**					
13	26					
14	31					
15	36					
16	21					
17	41					
18	23					
20	34					
23	5					
36	40					

1006회

주차	번호					
1	**8**	13	18	24	27	29
2	7	**15**	30	**37**	39	44
3	1	4	43	45		
4	**17**	25	33	35	38	
5	6	10	12	14	20	42
6	2	19	22	32		
7	3	9	28			
9	**16**					
10	**11**					
14	26					
15	31					
16	36					
17	21					
18	41					
19	23					
21	34					
24	5					
37	40					

1007회

주차	번호					
1	**8**	**11**	15	**16**	17	37
2	13	18	24	27	29	
3	7	30	39	44		
4	1	4	43	45		
5	**25**	33	35	38		
6	6	10	12	14	20	42
7	2	**19**	22	32		
8	3	9	28			
15	26					
16	31					
17	36					
18	**21**					
19	41					
20	23					
22	34					
25	5					
38	40					

1008회

주차	번호					
1	8	**11**	16	19	21	25
2	15	17	37			
3	13	18	24	27	29	
4	7	**30**	39	**44**		
5	1	4	43	45		
6	33	35	38			
7	6	10	12	14	20	42
8	2	22	32			
9	3	**9**	28			
16	26					
17	**31**					
18	36					
20	**41**					
21	23					
23	34					
26	5					
39	40					

1009회

주차	번호					
1	9	11	30	31	41	**44**
2	8	16	19	21	25	
3	**15**	17	37			
4	13	18	24	27	**29**	
5	7	39				
6	1	4	43	45		
7	33	35	38			
8	6	10	12	14	20	42
9	2	22	32			
10	3	28				
17	26					
19	36					
22	**23**					
24	**34**					
27	5					
40	**40**					

1010회

주차	번호					
1	**15**	23	29	**34**	40	44
2	**9**	11	30	31	41	
3	8	16	19	21	**25**	
4	17	37				
5	13	18	24	27		
6	7	39				
7	1	4	43	45		
8	33	35	38			
9	6	10	**12**	14	20	42
10	2	22	32			
11	3	28				
18	26					
20	**36**					
28	5					

1011회

주차	번호					
1	**9**	**12**	15	25	34	36
2	23	29	40	44		
3	11	30	31	41		
4	8	16	19	21		
5	17	37				
6	13	18	24	27		
7	7	39				
8	**1**	4	43	45		
9	33	**35**	**38**			
10	6	10	14	20	42	
11	2	22	32			
12	3	28				
19	**26**					
29	5					

1012회

주차	번호					
1	1	9	12	26	**35**	38
2	15	25	34	36		
3	23	29	40	44		
4	**11**	30	31	41		
5	8	16	19	21		
6	17	37				
7	13	**18**	24	27		
8	7	39				
9	4	43	**45**			
10	33					
11	6	10	14	**20**	42	
12	2	22	32			
13	3	28				
30	**5**					

1013회

주차	번호					
1	5	11	18	20	35	45
2	1	9	12	**26**	38	
3	15	25	**34**	**36**		
4	23	29	40	44		
5	30	31	**41**			
6	8	16	19	**21**		
7	17	37				
8	13	24	27			
9	7	39				
10	4	43				
11	33					
12	6	10	14	42		
13	2	**22**	32			
14	3	28				

1014회

주차	번호					
1	21	22	**26**	34	36	41
2	5	**11**	**18**	20	35	45
3	1	9	12	38		
4	15	25				
5	23	29	40	44		
6	30	31				
7	8	16	19			
8	17	37				
9	13	24	**27**			
10	7	39				
11	4	43				
12	33					
13	6	10	**14**	42		
14	2	32				
15	**3**	28				

1015회

주차	번호					
1	3	11	**14**	18	26	27
2	21	22	34	36	41	
3	5	20	35	45		
4	1	9	12	38		
5	15	25				
6	**23**	29	**40**	44		
7	30	**31**				
8	8	16	19			
9	17	**37**				
10	13	24				
11	7	39				
12	4	43				
13	**33**					
14	6	10	42			
15	2	32				
16	28					

1016회

주차	번호					
1	14	23	31	33	37	40
2	3	11	18	**26**	27	
3	21	22	**34**	36	**41**	
4	5	20	35	45		
5	1	9	12	38		
6	**15**	25				
7	29	44				
8	30					
9	8	16	19			
10	17					
11	13	24				
12	7	39				
13	4	43				
15	6	10	**42**			
16	2	32				
17	**28**					

주차			번호			
			1017회			
1	15	26	28	**34**	41	42
2	14	**23**	31	33	37	40
3	3	11	**18**	27		
4	21	**22**	36			
5	5	20	35	45		
6	1	9	**12**	38		
7	25					
8	29	44				
9	**30**					
10	8	16	19			
11	17					
12	13	24				
13	7	39				
14	4	43				
16	6	10				
17	2	32				

주차			번호			
			1018회			
1	12	18	22	23	30	34
2	15	26	28	41	42	
3	14	31	33	**37**	40	
4	**3**	11	27			
5	**21**	36				
6	5	20	35	**45**		
7	1	9	38			
8	**25**					
9	29	44				
11	8	16	**19**			
12	17					
13	13	24				
14	7	39				
15	4	43				
17	6	10				
18	2	32				

주차			번호			
			1019회			
1	3	19	21	25	37	45
2	12	18	22	23	30	**34**
3	15	26	28	41	42	
4	14	31	33	40		
5	11	27				
6	36					
7	5	20	35			
8	**1**	9	38			
10	29	44				
12	8	16				
13	**17**					
14	**13**	24				
15	7	**39**				
16	**4**	43				
18	6	10				
19	2	32				

1020회

주차	번호					
1	1	4	13	17	34	39
2	3	19	21	25	37	**45**
3	**12**	18	22	23	30	
4	15	26	28	**41**	42	
5	14	31	33	40		
6	11	**27**				
7	36					
8	5	20	35			
9	9	**38**				
11	**29**	44				
13	8	16				
15	24					
16	7					
17	43					
19	6	10				
20	2	32				

1021회

주차	번호					
1	**12**	27	**29**	38	41	**45**
2	1	4	13	**17**	34	39
3	3	19	21	25	37	
4	18	22	23	30		
5	**15**	26	28	42		
6	14	31	33	40		
7	11					
8	36					
9	5	20	35			
10	9					
12	44					
14	8	16				
16	**24**					
17	7					
18	43					
20	6	10				
21	2	32				

1022회

주차	번호					
1	12	15	17	24	**29**	**45**
2	27	38	41			
3	1	4	13	34	39	
4	3	19	21	25	37	
5	18	22	23	30		
6	26	28	**42**			
7	14	31	33	40		
8	**11**					
9	36					
10	**5**	20	35			
11	9					
13	44					
15	8	16				
18	7					
19	43					
21	**6**	10				
22	2	32				

1023회

주차	번호					
1	5	6	11	**29**	42	45
2	12	15	17	24		
3	27	38	41			
4	1	4	13	34	39	
5	3	19	21	25	37	
6	**18**	22	23	30		
7	26	28				
8	**14**	31	33	40		
10	36					
11	20	**35**				
12	9					
14	44					
16	8	**16**				
19	7					
20	43					
22	**10**					
23	2	32				

1024회

주차	번호					
1	10	14	16	**18**	29	35
2	5	6	11	42	45	
3	12	15	17	24		
4	27	**38**	41			
5	1	4	13	34	39	
6	3	19	21	25	37	
7	**22**	23	30			
8	26	28				
9	31	33	40			
11	36					
12	**20**					
13	**9**					
15	**44**					
17	8					
20	7					
21	43					
24	2	32				

1025회

주차	번호					
1	**9**	18	**20**	22	38	44
2	10	14	16	**29**	35	
3	5	6	11	42	45	
4	12	15	17	24		
5	27	41				
6	1	4	13	34	39	
7	3	19	21	**25**	37	
8	23	30				
9	26	28				
10	31	**33**	40			
12	36					
18	**8**					
21	7					
22	43					
25	2	32				

주차	번호					
1026회						
1	8	9	20	25	29	33
2	18	22	38	44		
3	10	14	16	35		
4	**5**	6	11	42	45	
5	**12**	15	17	24		
6	27	**41**				
7	1	4	**13**	34	39	
8	3	19	21	37		
9	23	30				
10	26	28				
11	**31**	40				
13	36					
22	7					
23	43					
26	2	**32**				

주차	번호					
1027회						
1	5	12	13	31	32	41
2	8	9	20	25	29	33
3	18	22	38	44		
4	10	**14**	**16**	**35**		
5	6	11	42	**45**		
6	15	17	24			
7	**27**					
8	1	4	34	**39**		
9	3	19	21	37		
10	23	30				
11	26	28				
12	40					
14	36					
23	7					
24	43					
27	2					

주차	번호					
1028회						
1	14	16	27	**35**	39	45
2	**5**	**12**	**13**	31	32	41
3	8	9	20	25	29	33
4	**18**	22	38	44		
5	10					
6	6	11	42			
7	15	17	24			
9	1	4	34			
10	3	19	21	37		
11	23	30				
12	26	28				
13	40					
15	36					
24	**7**					
25	43					
28	2					

1029회

주차	번호					
1	5	7	**12**	13	18	35
2	14	16	27	**39**	45	
3	31	**32**	**41**			
4	8	9	20	25	29	33
5	22	38	44			
6	10					
7	6	11	42			
8	15	17	24			
10	1	4	34			
11	3	19	21	**37**		
12	23	**30**				
13	26	28				
14	40					
16	36					
26	43					
29	2					

1030회

주차	번호					
1	12	30	32	37	39	41
2	**5**	7	13	18	35	
3	14	16	27	45		
4	31					
5	8	9	20	25	**29**	33
6	22	38	44			
7	10					
8	6	**11**	42			
9	15	**17**	**24**			
11	1	4	34			
12	3	19	21			
13	23					
14	26	28				
15	40					
17	36					
27	43					
30	**2**					

1031회

주차	번호					
1	2	5	11	17	24	29
2	12	30	**32**	37	39	41
3	**7**	13	18	**35**		
4	14	16	27	45		
5	31					
6	8	9	20	25	33	
7	**22**	38	44			
8	10					
9	**6**	42				
10	15					
12	1	4	34			
13	3	19	21			
14	23					
15	26	28				
16	40					
18	**36**					
28	43					

주차	번호					
			1032회			
1	**6**	7	22	32	35	**36**
2	2	5	11	17	24	29
3	**12**	30	37	39	41	
4	13	18				
5	14	16	27	45		
6	31					
7	8	9	20	25	33	
8	38	44				
9	10					
10	**42**					
11	15					
13	**1**	4	34			
14	3	**19**	21			
15	23					
16	26	28				
17	40					
29	43					

주차	번호					
			1033회			
1	1	6	12	19	36	42
2	7	22	32	**35**		
3	2	5	**11**	17	24	29
4	30	37	39	41		
5	13	18				
6	14	16	27	45		
7	31					
8	8	9	**20**	25	33	
9	38	**44**				
10	10					
12	**15**					
14	4	34				
15	**3**	21				
16	23					
17	26	28				
18	40					
30	43					

주차	번호					
			1034회			
1	3	11	15	20	35	44
2	1	6	12	19	36	42
3	7	22	**32**			
4	2	5	17	24	29	
5	30	37	39	41		
6	13	18				
7	14	16	27	45		
8	**31**					
9	8	9	25	**33**		
10	**38**					
11	10					
15	4	34				
16	21					
17	23					
18	**26**	28				
19	**40**					
31	43					

주차	번호					
	1035회					
1	26	31	32	33	38	40
2	3	11	15	20	**35**	44
3	1	6	12	19	36	**42**
4	7	22				
5	2	5	17	24	29	
6	30	37	39	**41**		
7	13	18				
8	**14**	16	27	45		
10	8	**9**	25			
12	10					
16	4	**34**				
17	21					
18	23					
19	28					
32	43					

주차	번호					
	1036회					
1	9	14	34	**35**	41	42
2	26	31	32	**33**	38	40
3	3	11	15	20	44	
4	1	6	12	19	36	
5	7	**22**				
6	**2**	**5**	17	24	29	
7	30	37	39			
8	13	18				
9	16	27	**45**			
11	8	25				
13	10					
17	4					
18	21					
19	23					
20	28					
33	43					

주차	번호					
	1037회					
1	**2**	5	**22**	32	34	45
2	9	**14**	35	41	42	
3	26	31	**33**	38	40	
4	3	11	**15**	20	44	
5	1	6	12	19	36	
6	7					
7	17	24	29			
8	30	37	39			
9	13	18				
10	16	**27**				
12	8	25				
14	10					
18	4					
19	21					
20	23					
21	28					
34	43					

1038회

주차	번호					
1	2	14	15	22	**27**	33
2	5	32	34	45		
3	9	35	41	42		
4	26	31	38	40		
5	3	11	20	**44**		
6	1	6	12	19	36	
7	**7**					
8	17	**24**	29			
9	30	**37**	39			
10	13	18				
11	**16**					
13	8	25				
15	10					
19	4					
20	21					
21	23					
22	28					
35	43					

1039회

주차	번호					
1	7	16	24	27	37	44
2	**2**	14	15	22	33	
3	5	32	34	45		
4	9	35	41	42		
5	26	31	38	40		
6	**3**	11	20			
7	1	**6**	12	**19**	**36**	
9	17	29				
10	30	**39**				
11	13	18				
14	8	25				
16	10					
20	4					
21	21					
22	23					
23	28					
36	43					

1040회

주차	번호					
1	2	3	6	19	**36**	39
2	7	**16**	24	27	37	44
3	14	15	22	33		
4	5	32	34	45		
5	9	35	41	42		
6	**26**	**31**	38	40		
7	11	20				
8	1	12				
10	17	**29**				
11	30					
12	13	18				
15	**8**	25				
17	10					
21	4					
22	21					
23	23					
24	28					
37	43					

1041회

주차	번호					
1	8	16	26	29	31	36
2	2	3	**6**	19	39	
3	**7**	24	27	37	44	
4	14	15	22	33		
5	5	32	34	45		
6	**9**	35	41	42		
7	38	40				
8	**11**	20				
9	1	12				
11	**17**					
12	30					
13	13	**18**				
16	25					
18	10					
22	4					
23	21					
24	23					
25	28					
38	43					

1042회

주차	번호					
1	6	7	9	11	17	18
2	8	16	26	29	31	36
3	2	3	19	39		
4	24	27	37	44		
5	**14**	**15**	22	33		
6	**5**	32	**34**	45		
7	35	41	42			
8	38	40				
9	20					
10	1	12				
13	30					
14	13					
17	25					
19	10					
23	4					
24	21					
25	**23**					
26	28					
39	**43**					

1043회

주차	번호					
1	**5**	14	15	23	34	43
2	6	7	9	11	17	18
3	8	16	**26**	29	**31**	36
4	2	**3**	19	39		
5	24	27	37	44		
6	**22**	33				
7	32	45				
8	35	41	42			
9	38	40				
10	20					
11	1	**12**				
14	30					
15	13					
18	25					
20	10					
24	4					
25	21					
27	28					

1044회

주차	번호					
1	3	5	**12**	22	**26**	31
2	14	15	23	34	43	
3	6	7	9	11	**17**	18
4	8	16	29	**36**		
5	2	19	39			
6	24	27	37	44		
7	33					
8	32	45				
9	35	41	42			
10	38	40				
11	**20**					
12	1					
15	30					
16	13					
19	25					
21	10					
25	4					
26	21					
28	**28**					

1045회

주차	번호					
1	12	17	20	26	28	36
2	3	5	22	31		
3	**14**	**15**	23	34	43	
4	**6**	7	9	11	18	
5	8	16	29			
6	2	**19**	39			
7	24	27	37	44		
8	33					
9	32	45				
10	35	**41**	42			
11	38	40				
13	1					
16	30					
17	13					
20	25					
22	10					
26	4					
27	**21**					

1046회

주차	번호					
1	6	14	15	19	21	41
2	12	17	20	26	28	**36**
3	3	5	22	31		
4	23	34	43			
5	**7**	9	11	18		
6	8	**16**	**29**			
7	2	39				
8	24	27	37	44		
9	33					
10	32	45				
11	**35**	42				
12	38	40				
14	1					
17	30					
18	13					
21	**25**					
23	10					
27	4					

1047회

주차	번호					
1	7	16	25	29	35	36
2	6	14	15	19	21	41
3	12	17	20	26	28	
4	3	5	22	31		
5	23	34	43			
6	9	11	18			
7	8					
8	2	39				
9	24	27	37	44		
10	33					
11	32	45				
12	42					
13	38	40				
15	1					
18	30					
19	13					
24	10					
28	4					

1048회

주차	번호					
1	2	20	33	40	42	44
2	7	16	25	29	35	36
3	6	14	15	19	21	41
4	12	17	26	28		
5	3	5	22	31		
6	23	34	43			
7	9	11	18			
8	8					
9	39					
10	24	27	37			
12	32	45				
14	38					
16	1					
19	30					
20	13					
25	10					
29	4					

1049회

주차	번호					
1	6	12	17	21	32	39
2	2	20	33	40	42	44
3	7	16	25	29	35	36
4	14	15	19	41		
5	26	28				
6	3	5	22	31		
7	23	34	43			
8	9	11	18			
9	8					
11	24	27	37			
13	45					
15	38					
17	1					
20	30					
21	13					
26	10					
30	4					

1050회

주차	번호					
1	3	5	13	20	21	37
2	**6**	**12**	17	32	39	
3	2	33	40	42	44	
4	7	16	25	29	**35**	36
5	14	15	19	41		
6	26	28				
7	22	**31**				
8	23	34	**43**			
9	9	11	18			
10	8					
12	24	27				
14	45					
16	**38**					
18	1					
21	30					
27	10					
31	4					

1051회

주차	번호					
1	6	12	31	**35**	38	43
2	3	5	13	20	**21**	37
3	17	**32**	39			
4	2	**33**	40	42	44	
5	7	16	25	29	36	
6	14	15	19	41		
7	**26**	28				
8	22					
9	23	34				
10	9	11	18			
11	8					
13	24	27				
15	45					
19	1					
22	**30**					
28	10					
32	4					

1052회

주차	번호					
1	21	**26**	30	32	33	**35**
2	6	12	31	**38**	43	
3	3	**5**	13	20	37	
4	**17**	39				
5	2	40	42	44		
6	7	16	25	29	36	
7	14	15	19	41		
8	28					
9	22					
10	23	34				
11	9	11	18			
12	8					
14	24	**27**				
16	45					
20	1					
29	10					
33	4					

1053회

주차	번호					
1	5	17	**26**	27	35	38
2	21	**30**	32	33		
3	6	12	31	43		
4	3	13	20	37		
5	39					
6	2	40	42	44		
7	7	16	25	**29**	36	
8	14	15	19	41		
9	28					
10	**22**					
11	23	**34**				
12	9	11	18			
13	8					
15	24					
17	**45**					
21	1					
30	10					
34	4					

1054회

주차	번호					
1	22	26	29	**30**	34	**45**
2	5	17	**27**	35	38	
3	21	32	33			
4	6	12	31	43		
5	3	13	20	37		
6	39					
7	2	40	42	44		
8	7	16	25	36		
9	**14**	15	**19**	41		
10	**28**					
12	23					
13	9	11	18			
14	8					
16	24					
22	1					
31	10					
35	4					

1055회

주차	번호					
1	**14**	19	27	28	30	45
2	**22**	26	29	34		
3	5	17	35	38		
4	21	32	**33**			
5	6	**12**	31	43		
6	3	13	20	37		
7	39					
8	2	40	42	44		
9	**7**	16	25	36		
10	15	41				
13	23					
14	9	11	18			
15	8					
17	24					
23	1					
32	10					
36	**4**					

1056회						
주차	번호					
1	4	7	12	14	22	33
2	19	27	28	30	**45**	
3	26	29	34			
4	5	17	35	38		
5	21	**32**				
6	6	31	43			
7	3	**13**	**20**	37		
8	39					
9	2	40	42	44		
10	16	25	**36**			
11	15	41				
14	23					
15	9	11	18			
16	8					
18	**24**					
24	1					
33	10					

1057회						
주차	번호					
1	**13**	20	24	32	36	**45**
2	4	7	12	14	22	33
3	**19**	**27**	28	30		
4	26	29	34			
5	5	17	35	38		
6	21					
7	6	31	43			
8	3	37				
9	39					
10	2	**40**	42	44		
11	16	25				
12	15	41				
15	23					
16	9	11	18			
17	**8**					
25	1					
34	10					

1058회						
주차	번호					
1	8	13	19	27	**40**	45
2	20	24	**32**	36		
3	4	7	12	14	22	33
4	28	**30**				
5	26	29	34			
6	5	17	35	38		
7	21					
8	6	31	43			
9	3	37				
10	39					
11	2	42	44			
12	16	**25**				
13	15	41				
16	**23**					
17	9	**11**	18			
26	1					
35	10					

1059회

주차	번호					
1	11	23	**25**	30	32	**40**
2	8	13	19	27	45	
3	20	24	36			
4	4	**7**	12	14	**22**	33
5	28					
6	26	29	**34**			
7	5	17	35	38		
8	21					
9	6	31	43			
10	3	37				
11	39					
12	2	42	44			
13	16					
14	15	41				
18	9	18				
27	1					
36	**10**					

1060회

주차	번호					
1	7	**10**	22	25	34	40
2	11	23	30	32		
3	8	13	19	27	**45**	
4	20	**24**	36			
5	4	12	14	**33**		
6	28					
7	26	29				
8	5	17	35	**38**		
9	21					
10	6	31	43			
11	**3**	37				
12	39					
13	2	42	44			
14	16					
15	15	41				
19	9	18				
28	1					

1061회

주차	번호					
1	3	10	**24**	33	38	**45**
2	7	22	25	34	40	
3	11	23	30	32		
4	8	13	19	**27**		
5	20	36				
6	**4**	12	14			
7	28					
8	26	29				
9	5	17	**35**			
10	21					
11	6	31	43			
12	**37**					
13	39					
14	2	42	44			
15	16					
16	15	41				
20	9	18				
29	1					

1062회

주차	번호					
1	4	24	27	35	37	**45**
2	3	10	33	38		
3	7	22	25	34	**40**	
4	11	23	30	**32**		
5	8	13	19			
6	**20**	36				
7	12	14				
8	28					
9	26	29				
10	5	17				
11	21					
12	6	**31**	43			
14	39					
15	2	42	44			
16	16					
17	15	**41**				
21	9	18				
30	1					

1063회

주차	번호					
1	20	31	32	40	41	45
2	4	**24**	27	35	37	
3	**3**	10	33	**38**		
4	7	**22**	25	34		
5	11	**23**	30			
6	8	13	19			
7	36					
8	12	14				
9	28					
10	26	29				
11	5	17				
12	21					
13	**6**	43				
15	39					
16	2	42	44			
17	16					
18	15					
22	9	18				
31	1					

1064회

주차	번호					
1	**3**	**6**	**22**	23	24	38
2	20	31	32	40	41	45
3	4	27	**35**	37		
4	10	33				
5	7	25	34			
6	11	30				
7	8	13	19			
8	36					
9	12	14				
10	28					
11	26	29				
12	5	17				
13	21					
14	43					
16	39					
17	2	42	44			
18	16					
19	15					
23	**9**	**18**				
32	1					

1065회

주차	번호					
1	3	6	9	18	22	35
2	23	24	38			
3	20	31	32	40	41	45
4	4	27	37			
5	10	33				
6	7	25	34			
7	11	30				
8	8	13	19			
9	36					
10	12	14				
11	28					
12	26	29				
13	5	17				
14	21					
15	43					
17	39					
18	2	42	44			
19	16					
20	15					
33	1					

1066회

주차	번호					
1	3	18	19	23	32	45
2	6	9	22	35		
3	24	38				
4	20	31	40	41		
5	4	27	37			
6	10	33				
7	7	25	34			
8	11	30				
9	8	13				
10	36					
11	12	14				
12	28					
13	26	29				
14	5	17				
15	21					
16	43					
18	39					
19	2	42	44			
20	16					
21	15					
34	1					

1067회

주차	번호					
1	6	11	16	19	21	32
2	3	18	23	45		
3	9	22	35			
4	24	38				
5	20	31	40	41		
6	4	27	37			
7	10	33				
8	7	25	34			
9	30					
10	8	13				
11	36					
12	12	14				
13	28					
14	26	29				
15	5	17				
17	43					
19	39					
20	2	42	44			
22	15					
35	1					

1068회

주차	번호					
1	7	10	19	23	28	33
2	6	11	16	21	32	
3	3	18	45			
4	9	22	35			
5	24	38				
6	20	31	40	41		
7	4	27	37			
9	25	34				
10	30					
11	8	13				
12	36					
13	12	14				
15	26	29				
16	5	17				
18	43					
20	39					
21	2	42	44			
23	15					
36	1					

1069회

주차	번호					
1	4	7	19	26	33	35
2	10	23	28			
3	6	11	16	21	32	
4	3	18	45			
5	9	22				
6	24	38				
7	20	31	40	41		
8	27	37				
10	25	34				
11	30					
12	8	13				
13	36					
14	12	14				
16	29					
17	5	17				
19	43					
21	39					
22	2	42	44			
24	15					
37	1					

1070회

주차	번호					
1	1	10	18	22	28	31
2	4	7	19	26	33	35
3	23					
4	6	11	16	21	32	
5	3	45				
6	9					
7	24	38				
8	20	40	41			
9	27	37				
11	25	34				
12	30					
13	8	13				
14	36					
15	12	14				
17	29					
18	5	17				
20	43					
22	39					
23	2	42	44			
25	15					

1071회

주차	번호					
1	3	6	14	22	**30**	41
2	**1**	10	18	28	31	
3	4	7	19	26	33	**35**
4	23					
5	**11**	16	**21**	32		
6	45					
7	9					
8	24	38				
9	20	40				
10	27	37				
12	25	34				
14	8	13				
15	36					
16	12					
18	29					
19	5	17				
21	43					
23	39					
24	**2**	42	44			
26	15					

1072회

주차	번호					
1	1	2	11	21	30	35
2	3	6	14	22	41	
3	10	**18**	28	31		
4	4	7	19	26	33	
5	**23**					
6	**16**	**32**				
7	45					
8	9					
9	24	38				
10	**20**	40				
11	27	37				
13	25	34				
15	8	13				
16	36					
17	12					
19	29					
20	5	17				
22	**43**					
24	39					
25	42	44				
27	15					

1073회

주차	번호					
1	16	**18**	20	23	**32**	43
2	1	2	11	21	**30**	35
3	3	**6**	14	22	41	
4	10	**28**	31			
5	4	7	19	26	33	
8	45					
9	9					
10	24	**38**				
11	40					
12	27	37				
14	25	34				
16	8	13				
17	36					
18	12					
20	29					
21	5	17				
25	39					
26	42	44				
28	15					

1074회

주차	번호					
1	6	18	28	30	32	38
2	16	20	23	43		
3	1	2	11	21	35	
4	3	14	22	41		
5	10	31				
6	4	7	19	26	33	
9	45					
10	9					
11	24					
12	40					
13	27	37				
15	25	34				
17	8	13				
18	36					
19	12					
21	29					
22	5	17				
26	39					
27	42	44				
29	15					

1075회

주차	번호					
1	1	6	20	27	28	41
2	18	30	32	38		
3	16	23	43			
4	2	11	21	35		
5	3	14	22			
6	10	31				
7	4	7	19	26	33	
10	45					
11	9					
12	24					
13	40					
14	37					
16	25	34				
18	8	13				
19	36					
20	12					
22	29					
23	5	17				
27	39					
28	42	44				
30	15					

1076회

주차	번호					
1	1	23	24	35	44	45
2	6	20	27	28	41	
3	18	30	32	38		
4	16	43				
5	2	11	21			
6	3	14	22			
7	10	31				
8	4	7	19	26	33	
12	9					
14	40					
15	37					
17	25	34				
19	8	13				
20	36					
21	12					
23	29					
24	5	17				
28	39					
29	42					
31	15					

1077회

주차	번호					
1	3	7	9	33	36	37
2	1	23	24	35	44	45
3	6	20	27	28	41	
4	18	30	32	38		
5	16	43				
6	2	11	21			
7	14	22				
8	10	31				
9	4	19	26			
15	40					
18	25	34				
20	8	13				
22	12					
24	29					
25	5	17				
29	39					
30	42					
32	15					

1078회

주차	번호					
1	4	8	17	30	40	43
2	3	7	9	33	36	37
3	1	23	24	35	44	45
4	6	20	27	28	41	
5	18	32	38			
6	16					
7	2	11	21			
8	14	22				
9	10	31				
10	19	26				
19	25	34				
21	13					
23	12					
25	29					
26	5					
30	39					
31	42					
33	15					

1079회

주차	번호					
1	6	10	11	14	36	38
2	4	8	17	30	40	43
3	3	7	9	33	37	
4	1	23	24	35	44	45
5	20	27	28	41		
6	18	32				
7	16					
8	2	21				
9	22					
10	31					
11	19	26				
20	25	34				
22	13					
24	12					
26	29					
27	5					
31	39					
32	42					
34	15					

1080회

주차	번호					
1	4	8	18	24	37	45
2	6	10	11	14	**36**	38
3	17	30	40	43		
4	3	7	9	33		
5	1	**23**	35	**44**		
6	20	27	28	41		
7	32					
8	**16**					
9	2	21				
10	22					
11	**31**					
12	19	26				
21	25	34				
23	**13**					
25	12					
27	29					
28	5					
32	39					
33	42					
35	15					

1081회

주차	번호					
1	13	**16**	**23**	31	36	44
2	4	8	18	**24**	37	45
3	6	10	11	14	**38**	
4	17	30	40	43		
5	3	7	**9**	33		
6	**1**	35				
7	20	27	28	41		
8	32					
10	2	21				
11	22					
13	19	26				
22	25	34				
26	12					
28	29					
29	5					
33	39					
34	42					
36	15					

1082회

주차	번호					
1	1	9	16	23	24	38
2	13	31	36	44		
3	4	8	18	37	45	
4	6	10	11	14		
5	17	30	40	43		
6	3	7	33			
7	35					
8	20	**27**	28	41		
9	**32**					
11	2	**21**				
12	22					
14	19	**26**				
23	25	**34**				
27	12					
29	29					
30	5					
34	39					
35	**42**					
37	15					

1083회

주차	번호					
1	21	26	27	32	34	42
2	1	9	16	23	24	**38**
3	13	31	36	44		
4	4	8	18	37	45	
5	6	10	11	**14**		
6	17	30	40	43		
7	**3**	**7**	33			
8	35					
9	20	28	41			
12	2					
13	**22**					
15	19					
24	25					
28	12					
30	29					
31	5					
35	39					
38	**15**					

1084회

주차	번호					
1	3	7	14	15	22	38
2	21	26	27	32	34	**42**
3	1	9	16	23	24	
4	**13**	31	36	44		
5	4	**8**	18	37	45	
6	6	10	11			
7	17	30	40	43		
8	**33**					
9	35					
10	20	28	41			
13	2					
16	19					
25	25					
29	**12**					
31	**29**					
32	5					
36	39					

1085회

주차	번호					
1	8	12	13	29	33	42
2	3	**7**	14	15	22	**38**
3	21	26	27	32	34	
4	1	9	16	23	24	
5	31	36	**44**			
6	**4**	**18**	37	45		
7	6	10	11			
8	**17**	30	40	43		
10	35					
11	20	28	41			
14	2					
17	19					
26	25					
33	5					
37	39					

1086회

주차	번호					
1	4	7	17	18	38	44
2	8	12	13	29	33	42
3	3	14	15	22		
4	21	26	**27**	32	34	
5	1	9	**16**	23	24	
6	31	**36**				
7	37	45				
8	6	10	**11**			
9	30	40	43			
11	**35**					
12	20	28	41			
15	2					
18	19					
27	**25**					
34	5					
38	39					

1087회

주차	번호					
1	11	16	25	27	35	36
2	4	7	17	**18**	38	**44**
3	8	12	**13**	29	33	42
4	3	**14**	15	22		
5	**21**	26	32	**34**		
6	1	9	23	24		
7	31					
8	37	45				
9	6	10				
10	30	40	43			
13	20	28	41			
16	2					
19	19					
35	5					
39	39					

1088회

주차	번호					
1	13	14	18	**21**	34	**44**
2	**11**	16	25	27	35	36
3	4	7	17	38		
4	8	12	29	33	42	
5	3	15	**22**			
6	26	32				
7	1	9	23	24		
8	31					
9	37	45				
10	6	10				
11	**30**	40	43			
14	20	28	41			
17	2					
20	19					
36	5					
40	**39**					

주차	번호					
			1089회			
1	11	21	22	30	39	44
2	13	14	**18**	34		
3	16	25	27	35	36	
4	**4**	7	17	38		
5	8	12	29	33	**42**	
6	3	15				
7	26	32				
8	1	9	23	24		
9	**31**					
10	**37**	45				
11	6	10				
12	40	**43**				
15	20	28	41			
18	2					
21	19					
37	5					

주차	번호					
			1090회			
1	4	18	31	37	42	43
2	11	**21**	22	30	39	44
3	13	14	34			
4	16	25	27	35	36	
5	7	17	38			
6	8	**12**	**29**	33		
7	3	15				
8	26	32				
9	1	9	23	24		
11	**45**					
12	6	10				
13	**40**					
16	20	28	41			
19	2					
22	**19**					
38	5					

주차	번호					
			1091회			
1	12	19	21	29	40	45
2	4	18	31	37	42	43
3	11	22	**30**	39	44	
4	13	14	34			
5	16	25	27	35	36	
6	7	17	38			
7	8	33				
8	3	15				
9	26	32				
10	1	9	**23**	**24**		
13	**6**	10				
17	**20**	**28**	41			
20	2					
39	5					

1092회

주차	번호					
1	6	20	23	24	28	30
2	12	**19**	21	29	40	**45**
3	4	**18**	31	37	42	43
4	11	22	39	44		
5	13	14	34			
6	16	25	27	35	36	
7	**7**	17	38			
8	8	**33**				
9	3	15				
10	**26**	32				
11	1	9				
14	10					
18	41					
21	2					
40	5					

1093회

주차	번호					
1	7	18	19	26	33	45
2	6	20	23	24	28	**30**
3	12	21	29	40		
4	4	31	37	42	**43**	
5	11	**22**	39	44		
6	13	14	34			
7	16	25	27	**35**	36	
8	**17**	38				
9	8					
10	3	15				
11	32					
12	1	9				
15	**10**					
19	41					
22	2					
41	5					

1094회

주차	번호					
1	10	17	**22**	30	35	43
2	**7**	18	19	**26**	33	45
3	**6**	20	23	24	28	
4	12	21	29	**40**		
5	4	31	37	42		
6	11	39	44			
7	13	14	34			
8	16	25	27	36		
9	38					
10	8					
11	3	**15**				
12	32					
13	1	9				
20	41					
23	2					
42	5					

1095회						
주차	번호					
1	6	7	15	22	26	**40**
2	10	17	30	35	43	
3	18	19	33	45		
4	20	23	24	**28**		
5	12	21	**29**			
6	4	31	37	42		
7	11	39	44			
8	13	**14**	**34**			
9	16	25	27	36		
10	38					
11	**8**					
12	3					
13	32					
14	1	9				
21	41					
24	2					
43	5					

1096회						
주차	번호					
1	8	14	28	29	34	40
2	6	7	15	22	26	
3	10	17	30	35	**43**	
4	18	**19**	33	45		
5	20	**23**	24			
6	**12**	21				
7	4	31	37	42		
8	11	39	44			
9	13					
10	**16**	25	27	36		
11	38					
13	3					
14	32					
15	**1**	9				
22	41					
25	2					
44	5					

1097회						
주차	번호					
1	1	12	16	19	23	43
2	8	**14**	28	29	**34**	**40**
3	6	7	15	22	26	
4	10	17	30	**35**		
5	18	**33**	45			
6	20	24				
7	21					
8	4	31	**37**	42		
9	11	39	44			
10	13					
11	25	27	36			
12	38					
14	3					
15	32					
16	9					
23	41					
26	2					
45	5					

주차	번호					
1098회						
1	14	33	34	35	37	40
2	1	**12**	**16**	19	23	**43**
3	8	28	29			
4	6	7	15	22	26	
5	10	17	30			
6	18	45				
7	20	**24**				
8	**21**					
9	4	31	42			
10	11	39	44			
11	13					
12	25	27	36			
13	38					
15	3					
16	32					
17	9					
24	**41**					
27	2					
46	5					

주차	번호					
1099회						
1	12	16	21	24	41	**43**
2	14	33	34	35	37	**40**
3	1	19	23			
4	8	**28**	29			
5	6	7	15	22	26	
6	10	17	30			
7	18	45				
8	**20**					
10	4	31	42			
11	11	39	44			
12	13					
13	25	27	36			
14	**38**					
16	**3**					
17	32					
18	9					
28	2					
47	5					

주차	번호					
1100회						
1	3	20	28	38	40	**43**
2	12	16	21	24	41	
3	14	33	34	35	37	
4	1	19	23			
5	8	**29**				
6	6	7	15	22	**26**	
7	10	**17**	**30**			
8	18	45				
11	4	**31**	42			
12	11	39	44			
13	13					
14	25	27	36			
18	32					
19	9					
29	2					
48	5					

긍정적인 생각, 노력, 인내심

로또9단의 첫 번째 책인『로또9단 1등 분석기법』이 나오고 3년 만에 두 번째 책인『로또9단 1등 조합기법』을 쓰면서 더 많은 내용을 담고 싶었지만 지면상 한계점과 로또 당첨번호 출현의 아주 특별한 특징 때문에 모든 것을 책에 적지 못하는 부분이 마음에 걸렸다.

특별 라이브와 깜짝 라이브 등에서 다루는 분석은 공개방송 5편보다 한 차원 높은 분석방송이니 독자분들께서는 라이브 방송도 시청하시면서 매주 함께 공부해 나갔으면 하는 바람이다. 그리고 로또9단 구독자 여러분도 이번 두 번째 책인『로또9단 1등 조합기법』을 통해 함께 조합기법을 배우는 계기가 되었으면 한다. 앞으로도 로또 분석 방송을 하면서 우리 독자분들과 책에서 다 하지 못한 내용을 공부해 가도록 하겠다.

첫 번째 책인 『로또9단 1등 분석기법』에서는 끌어당김의 법칙에 대해 말씀드리고 '시크릿' '더 해빙' '무소유'에 대한 책을 소개해 드렸었다. 이번에는 '인생은 지름길이 없다'는 책을 소개해 드린다.

하버드대 인생학 명강의로 구성된 내용으로 아주 감명 깊게 읽고 항상 힘들 때마다 읽는 인생의 나침반 같은 책이다. 인생이라는 긴 여정 속에서 어렵고 힘든 일은 누구나 겪는다. 그럴 때 무엇보다 인생의 지혜가 필요하다 삶의 지혜가 들어있는 좋은 책이니 꼭 읽어보시길 추천드린다.

어떤 일을 할 때 21일을 반복하면 습관이 되고, 90일 동안 반복하면 무의식에 뿌리를 내려 평생 습관으로 자리 잡는다고 한다. 이렇게 성공은 작은 일을 반복하는 것부터 시작된다. 로또 1등을 위해 열심히 공부하시는 모든 독자분들께 건강, 행복, 로또 1등이 함께 하시길 기원드린다.

이번 두 번째 책인 『로또9단 1등 조합기법』은 항상 응원해주고 함께해 주시는 팬분들과 독자분들을 위해 바친다.